Bibliographic information published by the German National Library:

The German National Library lists this publication in the National Bibliography; detailed bibliographic data are available on the Internet at http://dnb.dnb.de .

Imprint:

Copyright © 2015 GRIN Verlag, Open Publishing GmbH
Print and binding: Books on Demand GmbH, Norderstedt Germany
ISBN: 978-3-668-08432-2

This book at GRIN:

http://www.grin.com/es/e-book/310018/sensibilidad-y-analisis-de-tolerancia-en-fil-tros-activos-desde-la-perspectiva

Rubén Orozco-Morales, I. Moreno-Campdesuñer

Sensibilidad y Análisis de Tolerancia en Filtros Activos desde la Perspectiva Simbólica

GRIN Publishing

Sensibilidad y Análisis de Tolerancia en Filtros Activos desde la Perspectiva Simbólica

R. Orozco-Morales e I. Moreno-Campdesuñer
Facultad de Ingeniería Eléctrica, Universidad Central Marta Abreu de Las Villas
2015

Resumen

La tolerancia y las variaciones de los valores nominales de los componentes de un circuito afectan sus respuestas y comprometen su estabilidad. Históricamente el estudio de estas variaciones se ha realizado mediante análisis de sensibilidad basado en algunos métodos como el de Monte Carlo. Con el advenimiento de los algoritmos simbólicos puede simplificarse y sistematizarse el análisis de la sensibilidad, lo cual se expone en este trabajo para el caso de filtros activos. Se da a conocer la forma de obtener, por métodos simbólicos, la función de red de una sección de segundo orden de un filtro activo, y cómo determinar los parámetros de esta en función de los componentes del circuito. Finalmente se expone la manera de calcular la sensibilidad de los parámetros de la función de red tanto por el tradicional método de Monte Carlo como mediante la novedosa alternativa simbólica.

Palabras claves: Filtros activos, tolerancia, sensibilidad, Monte Carlo, método simbólico.

Índice

1. Introducción

Debido a la tolerancia, el envejecimiento, la temperatura y otros factores, el valor de los componentes de un filtro activo dista del valor exacto necesario para brindar determinada respuesta; como resultado, la verdadera respuesta de un filtro se desvía de la que tendría si empleara componentes exactos todo el tiempo. Como una forma de predecir tal desviación los ingenieros utilizan el concepto de sensibilidad, siendo una figura de mérito de cada configuración de circuito utilizada como elemento de comparación entre distintas redes a la hora de seleccionar la más adecuada para un fin determinado, o para saber qué componentes deben seleccionarse con mejor calidad pues influyen más en el desempeño esperado.

Los estudios de la sensibilidad están muy vinculados a los análisis de tolerancia en los filtros eléctricos. Estos estudios tomaron auge durante los años setenta y ochenta del siglo XX pero en ese entonces no se disponía de las modernas herramientas computacionales actuales, las cuales han hecho retomar el tema con nuevos enfoques y posibilidades, principalmente los que ofrecen los métodos simbólicos de programación que comienzan a ganar popularidad en la primera década del siglo XXI.

Consumar el diseño de un filtro incluye garantizar, con mínimo costo de producción, todas sus respuestas, tanto de frecuencias como transitorias. Debe tenerse en cuenta que después de escoger la configuración apropiada para el circuito del filtro, lo antes mencionado está muy estrechamente relacionado con el precio de los componentes en el mercado, pues se fabrican con un valor de venta medio para su principal parámetro (ej. resistencia o capacitancia) y cierta tolerancia. Menor tolerancia requiere mayor seguridad tecnológica durante su producción, lo cual involucra incremento en el costo del componente y viceversa.

Dado que el diseño ingenieril debe procurar la utilización de componentes tan económicos como se pueda sin comprometer el desempeño del circuito, ello obliga a decidir cuáles componentes son críticos y cuán baja es la tolerancia que estos requieren. Tal decisión es posible solo a través de un riguroso análisis de sensibilidad acompañado de análisis de tolerancia. En consecuencia, el problema relacionado con sensibilidades y tolerancias se convierte necesario en el desarrollo de filtros activos, principalmente si estos serán producidos masivamente en serie. Así las cosas, solo los componentes críticos serán de alta calidad y costosos, mientras que para los no críticos pueden destinarse los menos costosos y de mayor tolerancia. De esta manera se minimiza el costo al tiempo que se evita un desempeño inesperado del filtro.

Adoptar una posición filosóficamente opuesta, en la que se acepte que los componentes puedan tener cualquier tolerancia y entonces traten de encontrar configuraciones de circuitos que sean lo más insensibles posible a las variación de los componentes no ha llevado hasta ahora a resultados aceptables. Es cierto que existen configuraciones para filtros activos de muy baja sensibilidad, e incluso insensibles, pero generalmente un satisfactorio grado de insensibilidad a la tolerancia de los componentes se paga con un incremento de la dispersión en los valores requeridos para una realización; esto es por ejemplo, una gran relación entre los resistores de mayor y menor valor que se necesitan para implementar el filtro en cuestión cuando se parte de asumir a voluntad del diseñador los valores de los capacitores. En tales casos no puede pensarse en un escalamiento en impedancias para elevar el valor del resistor más bajo, pues también se incrementa el de valor más alto y existe un límite en la resistencia de los resistores comerciales. Por tal motivo, en aquellas ramas del circuito del filtro con muy baja resistencia se producirán corrientes elevadas que incrementan la generación de calor y con ello el ruido (ruido térmico o de Johnson), además esas corrientes son demandadas a los amplificadores operacionales, mientras que en las ramas con resistores que superan varios $M\Omega$ suelen aparecer capacitancias parásitas que alteran las constantes de tiempo del filtro, junto al hecho de que la potencia del voltaje de ruido producido por un resistor se incrementa cuadráticamente con su resistencia.

Como ejemplo de lo mencionado puede citarse el método de realización denominado estrechamiento de impedancia (*impedance tapering*) popularizado a partir de los trabajos de Jurisic, Moschytz, and Mijat (2001), Jurisic, Moschytz, and Mijat (2002) y Jurisic and Mijat (2005). En este método se llegan a dispersiones para los capacitores con relación 4:1, mientras que para los resistores estas van desde 4:1 hasta 100:1. Al respecto, el trabajo de Moschytz (1999) donde se introdujo el concepto de *impedance tapering* había demostrado que mientras mayor sea el factor de estrechamiento (ρ), menor será la sensibilidad del circuito a la tolerancia de los componentes, pero es precisamente el factor ρ quien determina la relación entre los valores de los componentes y por tanto, la dispersión.

Generalmente el análisis de la sensibilidad y la tolerancia es un trabajo arduo y no está exento de errores numéricos o incorrecta interpretación de los resultados. Una alternativa muy utilizada por muchas herramientas para la simulación y análisis de circuitos (ej. *PSpice, Tina-TI*, etc) ha sido el análisis de Monte Carlo basado en hacer variar aleatoriamente los valores de todos los componentes del circuito dentro de su rango de tolerancia y para cada combinación de valores, determinar una versión de la respuesta en estudio. No obstante, con el advenimiento de herramientas computacionales como el Matlab simbólico puede sistematizarse la realización de estos análisis evitando posibles errores y facilitando el trabajo, lo cual permite reservar el mayor esfuerzo a la interpretación de los resultados.

2. La alternativa simbólica

Los métodos simbólicos son de gran utilidad en las tareas en que se llega a la solución no por métodos numéricos, sino a través de expresiones matemáticas, con lo cual se evitan todos los problemas causados por la precisión finita de los cálculos numéricos en los procesadores digitales. Las herramientas simbólicas proveen funciones para manipular y resolver expresiones matemáticas escritas a través de símbolos, de esta forma primero pueden resolverse sistemas de ecuaciones en forma simbólica y después las expresiones obtenidas pueden ser evaluadas numéricamente.

Dentro de las herramientas computacionales que más aceptación logran por sus posibilidades en computación simbólica se encuentran Matlab y Mathematic. El *Symbolic Math Toolbox* sale al mercado desde la versión 6 de Matlab al introducir las capacidades de programación sintáctica de

Maple, pero ampliando las posibilidades de este con las numéricas y gráficas que distinguen a Matlab. En 2008 *Mathworks* compró *MuPAD*, siendo a partir de entonces la caja de herramientas simbólicas de Matlab. Actualmente el *Symbolic Math Toolbox* se encuentra en su versión 3 (ver en el Anexo 1 algunas de sus funciones), el cual además de poder resolver sistemas de ecuaciones, puede también realizar otros cálculos simbólicamente, tales como integración, diferenciación, simplificación de funciones, cálculo de transformadas de funciones (ej. Laplace y Fourier) (MathWorks, 2002). Muchas de estas posibilidades son las que han permitido retomar el análisis de la sensibilidad y la tolerancia de configuraciones de filtros activos desde la poderosa y retadora perspectiva simbólica. El reto no radica en saber utilizar las herramientas simbólicas, sino en dominar los principios ingenieriles subyacentes en el problema donde esta se aplica.

3. Propensión por las secciones de bajo orden

La función de red de un filtro activo de orden N finito responde a la forma general siguiente

$$H(s) = \frac{b_M s^M + b_{M-1} s^{M-1} + \ldots + b_j s^j + \ldots + b_1 s + b_0}{s^N + a_{N-1} s^{N-1} + \ldots + a_k s^k + \ldots + a_1 s + a_0}, \tag{1}$$

siendo $N \geq M$. En esta función los coeficientes del numerador (b_j) y denominador (a_k) están en función de la estructura del circuito y los valores de sus componentes. Si pudieran utilizarse valores de componentes que conduzcan a valores exactos de los coeficientes necesarios las respuestas del filtro, ya sean en frecuencia como transitorias, serían las esperadas pero al tener que utilizar valores comerciales para los componentes, los que además tienen cierta tolerancia alrededor de su valor nominal, inevitablemente los coeficientes modificarán su valor y con ello se alteran las respuestas del filtro.

Ejemplo 1

La función de red de un filtro supresor de banda de sexto orden, obtenido mediante aproximación de Butterworth, tiene la siguiente expresión:

$$H(s) = \frac{s^6 + 2.9997 s^4 + 2.9994 s^2 + 0.9997}{s^6 + 0.422 s^5 + 3.0887 s^4 + 0.85331 s^3 + 3.0884 s^2 + 0.42192 s + 0.9997}.$$

Al calcular los valores de sus componentes y aproximarlos por valores comerciales suponga que los verdaderos coeficientes toman los valores siguientes:

$$H(s) = \frac{s^6 + 3 s^4 + 3 s^2 + 1}{s^6 + 0.4 s^5 + 3 s^4 + 0.9 s^3 + 3 s^2 + 0.4 s + 1}.$$

La figura 1 muestra los trazados de las respuestas de magnitud-frecuencias de ambas funciones. A pesar de que las variaciones en los valores de los coeficientes son pequeñas puede apreciarse una disminución en la selectividad del filtro con coeficientes aproximados, así como también una disminución en la profundidad de la hendidura.

No obstante, el diagrama de polos y ceros revela una realidad mucho más preocupante como se muestra en la figura 2. En esta se observa cómo una ligera modificación del valor de los coeficientes ha provocado gran dispersión de los polos, lo que demuestra la gran sensibilidad de estos, pero lo que es peor, los polos más cercanos al eje imaginario pasan al semiplano derecho del plano complejo, convirtiendo el filtro en inestable.

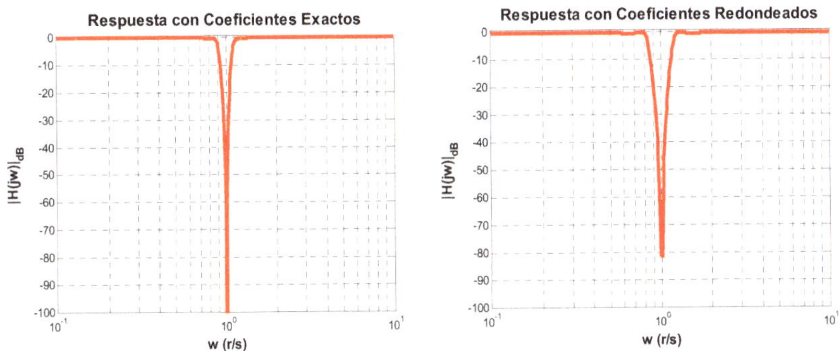

Figura 1. Respuestas de magnitud-frecuencias de las funciones de red del ejemplo 1 con coeficientes exactos y aproximados.

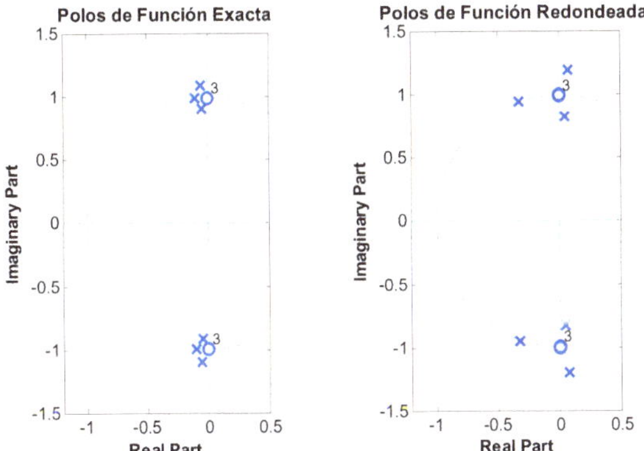

Figura 2. Diagramas de polos y ceros las funciones de red del ejemplo 1 con coeficientes exactos y aproximados.

Un análisis de la expresión (1) puede determinar la sensibilidad de los polos ante las variaciones de uno cualquiera de los coeficientes del polinomio del denominador de esta función. Para ello será útil reescribir (1) en la forma siguiente:

$$H(s) = \frac{s^{M-N}\left(b_M + b_{M-1}s^{-1} + \ldots + b_1 s^{M-1} + b_0 s^{-M}\right)}{1 + a_{N-1}s^{-1} + \ldots + a_k s^{k-N} + \ldots + a_1 s^{1-N} + a_0 s^{-N}}. \tag{2}$$

También la expresión (1) puede escribirse en función de las raíces del polinomio de su numerador; esto es sus ceros, representados mediante z_j, y las raíces del polinomio de su denominador, sus polos, representados mediante p_k, de la forma siguiente:

$$H(s) = \frac{K(s-z_1)(s-z_2)\ldots(s-z_j)\ldots(s-z_{M-1})(s-z_M)}{(s-p_1)(s-p_2)\ldots(s-p_m)\ldots(s-p_{N-1})(s-p_N)}. \tag{3}$$

Dado que la función de red es racional, estando dada por el cociente de dos polinomios; esto es, $H(s) = B(s)/A(s)$, teniendo que cumplirse que el polinomio de su denominador

$$A(s) = \sum_{j=0}^{N} a_{N-j}s^{-j} = \prod_{l=1}^{N}(s - p_l), \quad \text{con } a_N = 1. \tag{4}$$

Esta igualdad permite analizar cómo se modifica la posición del m-ésimo polo a partir de la modificación del k-ésimo coeficiente del denominador; esto es, cómo:

$$a_k \pm \Delta a_k \;\Rightarrow\; p_m \pm \Delta p_m. \tag{5}$$

De forma analítica,

$$\Delta a_k \left[\frac{\partial A(s)}{\partial a_k}\right] = \Delta p_m \left[\frac{\partial A(s)}{\partial p_m}\right], \tag{6}$$

$$\text{con } 0 \le k \le N \text{ y } 1 \le m \le N.$$

Las derivadas parciales de cada miembro de (6) son:

$$\frac{\partial A(s)}{\partial a_k} = \frac{\partial}{\partial a_k}\left\{\sum_{j=0}^{N} a_{N-j}s^{-j}\right\} = \frac{\partial}{\partial a_k}\left\{a_k s^{k-N}\right\} = s^{k-N}, \tag{7}$$

$$\frac{\partial A(s)}{\partial p_m} = \frac{\partial}{\partial p_m}\left\{\prod_{l=1}^{N}(s - p_l)\right\} = -\prod_{\substack{l=1 \\ l\ne m}}^{N}(s - p_l). \tag{8}$$

Igualando términos a partir de (7) y (8), organizando y evaluando para el m-ésimo polo ($s = p_m$),

$$\Delta p_m = \Delta a_k \left[\frac{p_m^{|k-N|}}{\prod_{\substack{l=1 \\ l\ne m}}^{N}|p_m - p_l|}\right]. \tag{9}$$

La utilidad de análisis anterior radica en que se ha obtenido lo que se denomina factor de sensibilidad de los polos con respecto a los coeficientes del filtro (encerrado en [ ]), el cual permite determinar cómo reducir las variaciones que sufre cualquier m-ésimo polo (Δp_m) ante las variaciones de uno cualquiera de los k-ésimo coeficientes (Δa_k). Para ello, del factor de sensibilidad pueden extraerse los aspectos siguientes:

- Según el numerador del factor de sensibilidad, para $|k - N| > 1$ los polos estables, pero muy cercanos al eje imaginario ($\sigma_p \to 0$) se acercarán más al eje $j\omega$ que los más alejados de este ya que dicho factor será mayor.

- Mientras mayor sea $|k - N|$ mayor será la sensibilidad de los polos ante un mismo Δa_k, por lo que modificar a_0 afecta más que cualquier otro coeficiente.

- Según el denominador del factor de sensibilidad, polos muy cercanos entre sí, para los cuales $|p_m - p_l| \to 0$, son más sensibles, ante un mismo Δa_k, que los que se encuentran distante entre sí pues en ese caso el factor de sensibilidad aumenta.

El análisis anterior pudo haberse realizado para los ceros, con resultados semejantes, pero sin la misma trascendencia pues, por una parte los ceros influyen principalmente en la banda de rechazo del filtro y no en la de paso, cuyas propiedades están determinadas en lo fundamental por los polos, mientras que por otra parte, los polos son los que determinan la estabilidad del filtro, aspecto aún mucho más importante que las propiedades de sus respuestas.

El análisis realizado a partir de (9) sugiere varias recomendaciones, pero tal vez la más significativa sea que cuando las funciones de red a realizar sean de elevado orden, donde los polos están más próximos entre sí, es preferible descomponerlas en etapas de 1er y 2do orden en cascada para que cada etapa realice a lo sumo, de forma aislada, un solo par de polos y también a lo sumo, solo un par de ceros conjugados (imaginarios puros) si estos tienen frecuencia finita.

Otras ventajas de la realización mediante cascada de etapas de 1er y 2do orden son:

- Pueden diseñarse redes que combinen módulos de 1er y 2do orden con estructuras más elaboradas en las que se regulen por separado diversos parámetros de la función de red.

- No hay que utilizar un circuito diferente para cada orden, sino que se combina el mismo circuito, a manera de módulos, tantas veces como sea necesario en la cascada.

De esta forma, cada sección de 2do orden realiza un par de polos complejo-conjugados y, dependiendo del tipo de respuesta de magnitud-frecuencias, a lo sumo un par de ceros; esto es, sean los polos $p_{1,2} = -\sigma_p \pm j\hat{\omega}_p$, este tendrá magnitud $|p_1| = \sqrt{\sigma_p^2 + \hat{\omega}_p^2}$, por lo que

$$H(s) = \frac{B(s)}{(s - p_1)(s - p_1^*)} = \frac{B(s)}{s^2 + 2\sigma_p s + |p_1|^2}. \tag{10}$$

El numerador de (10) depende del tipo de respuesta de magnitud-frecuencias, pudiendo ser para el caso,

- pasobajo (LP), cuando tiene los dos ceros en $s \to \infty$, quedando

$$B(s) = b_0, \tag{11a}$$

- pasoalto (HP), si tiene los dos ceros en $s = 0$, siendo

$$B(s) = Gs^2, \tag{11b}$$

- pasobanda (BP), cuando tiene un cero en $s = 0$ y otro en $s \to \infty$, siendo

$$B(s) = b_1 s, \tag{11c}$$

- supresor de banda (BR), también nombrado de hendidura (*notch*), pasobajo con hendidura (LPN) y pasoalto con hendidura (HPN), si tiene los dos ceros en $z_{1,2} = \pm j\omega_z$, siendo

$$N(s) = (s - z_1)(s - z_1^*) = s^2 + w_z^2 = s^2 + b_0, \tag{11d}$$

por lo que en forma general una función de red de 2do orden puede adoptar también la forma

$$H(s) = \frac{G\left(s^2 + b_1 s + b_0\right)}{s^2 + a_1 s + a_0}. \tag{12}$$

El denominador de (10) o de (12) queda totalmente caracterizado por lo que se denominan sus dos parámetros, los cuales son:

- frecuencia del polo, $\omega_p = |p| = \sqrt{a_0}$, la cual es la magnitud del polo (distancia de este hasta $s = 0$) y no debe ser confundida con la $\hat{\omega}_p$ utilizada anteriormente, que es la parte imaginaria del polo en el plano s, y

- factor de calidad del polo, $Q = \dfrac{|p_1|}{2\sigma_p} = \dfrac{\sqrt{a_0}}{a_1}$,

por lo que una tercera forma de la función de 2do orden es

$$H(s) = \frac{G\left(s^2 + b_1 s + \omega_z^2\right)}{s^2 + \frac{\omega_p}{Q}s + \omega_p^2}, \tag{13}$$

donde en el numerador, salvo en el caso pasotodo (AP), dependiendo del tipo de respuesta de frecuencia será cero alguno de los términos como se explicó anteriormente. Además, en caso de existir un par de ceros imaginarios a frecuencias finitas, $\omega_z = \sqrt{b_0}$, dependiendo entonces el tipo de respuesta de frecuencias de la relación entre ω_z y ω_p; así el filtro será de hendidura ($\omega_z = \omega_p$), pasobajo *notch* ($\omega_z > \omega_p$) o pasoalto *notch* ($\omega_z < \omega_p$). Es por ello que todo análisis de sensibilidad y tolerancia puede concentrarse primordialmente en determinar cómo varían los parámetros ω_p y Q de la función de red de cada sección de 2do orden con respecto a las variaciones de los componentes de la red a causa de sus tolerancias y, de ser de interés, como varían también los demás parámetros (ej. ω_z) (Mandache, Iordache, & Dumitriu, 2010; Moschytz, 2002).

4. Método simbólico para calcular parámetros de la función de red en configuraciones de filtros de 2do orden

Los parámetros de una función de red de un filtro de 2do orden que determinan sus respuestas, ya sean de frecuencia o transitorias, son la frecuencia del par de polos (ω_p), el factor de calidad del par de polos (Q), la frecuencia del par de ceros finitos (ω_z) y su ganancia (G). Se excluyen de este análisis las redes pasotodo donde los ceros tienen parte real no nula. Tales parámetros dependen a su vez de los coeficientes (b_1, b_0, a_1 y a_0) como se muestra en (12), por lo que el procedimiento habitual para determinar los parámetros se basa en calcular la función de red del circuito en forma polinómica y después con esta determinar las expresiones de los parámetros.

El método simbólico ofrece una excelente alternativa para determinar la función de red de una configuración de circuito de 2do orden diseñada para un filtro activo. Para ello basta con un correcto planteamiento de las ecuaciones de nodo del circuito teniendo en cuenta las propiedades básicas de los amplificadores operacionales, ya sean considerados ideales o reales, a partir de lo cual puede seguirse un procedimiento sistemático común para cualquier configuración.

Ejemplo 2

El circuito de la figura 3 es la configuración de 2do orden denominada de realimentación múltiple (MFB: *Multi-Feedback*) con respuesta de frecuencias pasobanda (resonante). Su función de red puede encontrarse en diversos textos o manuales de filtros activos, pero es fácil de determinar utilizando métodos simbólicos a partir de las ecuaciones de nodo del circuito. Una vez obtenida la función de red pueden calcularse, por la vía simbólica también, las ecuaciones de realización para determinar los valores de sus componentes. Se realizará con esta red un filtro pasobanda de 2do orden con frecuencia central de la banda de paso en $f_0 = 1$ kHz (en este caso f_0 $= f_\mathrm{p} = \omega_p/2\pi$), ancho de banda $\Delta f = 200$ Hz y ganancia unitaria ($G = 1$) a la frecuencia f_0. El filtro realizado debe ser simulado mediante *Tina-TI* utilizando el OPA364. Finalmente debe efectuarse un análisis de Monte Carlo de las variaciones de la frecuencia f_0 en la respuesta de magnitud-frecuencias con respecto a las variaciones del resistor R_2.

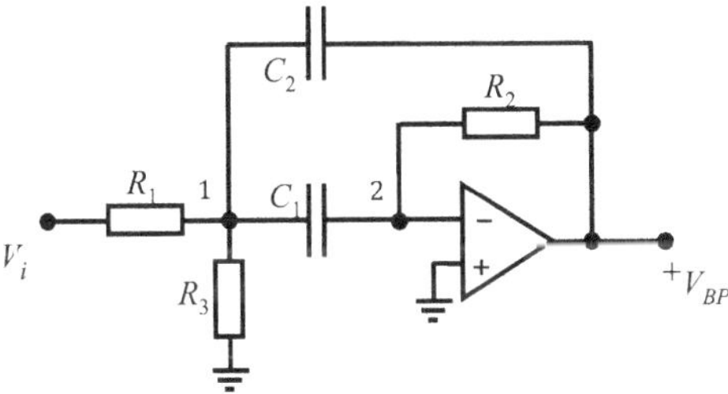

Figura 3. Configuración de circuito de realimentación múltiple (MFB) pasobanda de 2do orden.

En este circuito se identifican, además del nodo de entrada (con la fuente de voltaje V_i) y el nodo de salida, V_{BP}, otros dos nodos internos: V_1 y V_2, pero $V_2 = 0$ ya que es una tierra virtual si se considera que el amplificador operacional es ideal, por lo que las incógnitas serán V_1 y V_{BP}, para las cuales serán necesarias dos ecuaciones de nodo como se muestran a continuación.

$$\text{Nodo 1:} \qquad V_1(1/R_1 + 1/R_3 + sC_1 + sC_2) - V_{BP}sC_2 = V_i/R_1.$$

$$\text{Nodo 2:} \qquad -V_1sC_1 - V_{BP}/R_2 = 0.$$

La definición de las variables, la representación del sistema de ecuaciones creado y su solución en Matlab simbólico se realiza por medio de las siguientes líneas de instrucciones:

```
» syms  R1  R2  R3  C  real;
» syms  s  V1  Vi  VBP;
» SistEcuac = solve(...
     ' V1*(1/R1 + 1/R3 + s*C1 + s*C2) - VBP*s*C2 = Vi/R1',...
     '-V1*s*C1 - VBP/R2                           = 0'    ,...
     ' V1','VBP');
```

La solución del sistema de ecuaciones devuelve una estructura con dos objetos que son las correspondientes ecuaciones de los voltajes de nodo (V_1 y V_{BP}), por lo que la función de red del circuito está dada por la relación entre V_{BP} y V_i, siendo

```
» Hs = SistEcuac.VBP / Vi;
```

Para agrupar todos los sumandos de igual orden estos pueden ser coleccionados.

```
» HsCol = collect(Hs, s);
» disp 'H(s) ='; pretty(HsCol)
H(s) =
                          (-C1 R2 R3) s
     -------------------------------------------------------------
                    2
     (C1 C2 R1 R2 R3) s  + (C1 R1 R3 + C2 R1 R3) s + R1 + R3
```

La función de red obtenida responde a la forma general de segundo orden pasobanda dada por

$$H(s) = \frac{b_1 s}{s^2 + a_1 s + a_0}, \tag{14}$$

donde los coeficientes de los polinomios de numerador y denominador pueden obtenerse utilizando dividiendo toda la función por el coeficiente del término de mayor orden (s^2) utilizando el método simbólico de la forma siguiente:

```
» syms b1  a1  a0
» [num, den] = numden(HsCol);
» numCoefic  = coeffs(num, s);
» denCoefic  = coeffs(den, s);
» b1 = numCoefic(1) / denCoefic(3);
» disp 'b1 = '; pretty(b1)
b1 =
             1
      - -----
         C2 R1

» a1 = simple(denCoefic(2) / denCoefic(3));
```

```
» disp 'a1 = '; pretty(a1)
a1 =
        C1 + C2
        --------
        C1 C2 R2
» a0 = denCoefic(1) / denCoefic(3);
» disp 'a0 = ' ; pretty(a0)
a0 =
          R1 + R3
        --------------
        C1 C2 R1 R2 R3
```

Se ha llegado a que la función de red para la configuración de circuito dada es

$$H(s) = \frac{V_{BP}(s)}{V_i(s)} = \frac{-\left(\frac{1}{R_1 C_2}\right)s}{s^2 + s\left(\frac{C_1+C_2}{R_2 C_1 C_2}\right) + \frac{R_1+R_3}{R_1 R_2 R_3 C_1 C_2}} \cdot \tag{15}$$

Esta función de red del circuito, comparada con la forma general de una función pasobanda de 2do orden a partir de (13) tiene la forma

$$H(s) = \frac{Gs}{s^2 + s\left(\frac{\omega_0}{Q}\right) + \omega_0^2}, \tag{16}$$

permitiendo determinar la dependencia de los parámetros G, ω_0 y Q de los componentes del circuito, para lo cual se continúa utilizando el método simbólico de la forma siguiente:

```
» syms  G  wp  Qp
» G = b1/a1;
» disp 'G = '; pretty(G)
G =
            C1 R2
        - -------------
          R1 (C1 + C2)
» wp = simple(sqrt(a0));
» disp 'wp = '; pretty(wp)
wp =
        /     R1 + R3      \1/2
        | -------------- |
        \ C1 C2 R1 R2 R3 /
» Q  = simple(wp / a1);
» disp 'Q = '; pretty(Q)
Q =
                  /     R1 + R3      \1/2
        C1 C2 R2 | -------------- |
                  \ C1 C2 R1 R2 R3 /
        --------------------------------
                    C1 + C2
```

El circuito tiene cinco componentes (tres resistores y dos capacitores) y solo hay tres parámetros en la función de red, por lo que hay que asumir como variables independientes dos de ellos. Dado que para los capacitores hay menos diversidad de valores comerciales puede asumirse que $C_1 = C_2 = C$. Con esta consideración pueden recalcularse las expresiones simplificadas para los parámetros de la función de red.

```
» C1 = C;
» C2 = C;
» G  = subs(G);
» disp 'G = '; pretty(G)
G =
          R2
      - ----
        2 R1

» wp = subs(wp);
» disp 'wp = '; pretty(wp)
wp =
        /   R1 + R3    \1/2
        | ----------- |
        |   2         |
        \ C  R1 R2 R3 /

» Q = subs(Q);
» disp 'Q = '; pretty(Q)
Q =
            /   R1 + R3   \1/2
      C R2 | ----------- |
            |   2         |
            \ C  R1 R2 R3 /
      -----------------------
                 2
```

Esta última puede ser simplificada aún más de forma manual, quedando

$$Q = \sqrt{\frac{R_2(R_1 + R_3)}{4R_1R_3}}. \tag{17}$$

Otro problema, contrario al camino seguido hasta este punto, es determinar las expresiones para la realización del filtro; esto es, dados los valores de G, w_p y Q que necesita el filtro, calcular a partir de estos los valores de los componentes. Para ello resulta igualmente cómodo utilizar el camino simbólico.

Dado que G, ω_p y Q pasan a ser las variables independientes deben ser declaradas nuevamente. Además, puede facilitarse la solución del problema de encontrar las expresiones para los tres resistores si se tiene en cuenta que R_1 y R_2 están relacionados mediante la ganancia a la frecuencia central de la banda de paso, con lo cual solo hay que crear un sistema de dos ecuaciones para determinar R_2 y R_3 en función de ω_p y Q. Por otra parte, los algoritmos simbólicos suelen ser más eficaces evaluando términos cuadráticos que evaluando simbólicamente la raíz cuadrada de una expresión, por lo que se modifican las expresiones teniendo en cuenta este aspecto. Por último, dado que en las expresiones hay términos cuadráticos tendrán dos soluciones, tomando de ellas la positiva solamente. Todo ello se efectúa en los pasos siguientes:

```
» clear   G  wp  Q
» syms    G  wp  Q
» EcuacRealiz = solve(...
      'wp^2 = (R1 + R3) / (R1*R2*R3*C^2)',...
      'Q^2  = R2*(R1 + R3) / (4*R1*R3)',...
      'R2', 'R3');
» R1 = R2 / (2*G);
» disp 'R1 = ';  pretty(R1)
R1 =
      R2
      ---
      2 G

» R2 = EcuacRealiz.R2;   R2 = simple(R2(1));
» disp 'R2 = ';  pretty(R2)
R2 =
      2 Q
      ----
      C wp

» R3 = EcuacRealiz.R3;   R3 = simple(R3(1));
» disp 'R3 = ';  pretty(R3)
R3 =
             R1
      ---------------
      2 C Q R1 wp - 1
```

Se especifica que el filtro tenga frecuencia central de la banda de paso en $f_0 = 1$ kHz, ancho de banda $\Delta f = 200$ Hz y ganancia unitaria ($G = 1$) a la frecuencia f_0. Para ello, continuando con el método simbólico y teniendo en cuenta que R_3 depende de R_1 y a su vez R_1 depende de R_2, así como asumiendo un valor para los capacitores de 100 nF los componentes se realizan como se muestra a continuación:

```
» f0 = 1e3;
» G  = 1;
» BW = 200;
» C  = 100e-9;
» Q  = f0/BW
```

```
Q  = 5
» wp = 2*pi*f0;
» R2 = subs(R2)
R2 = 1.591549430918954e+004
» R1 = subs(R1)
R1 = 7.957747154594768e+003
» R3 = subs(R3)
R3 = 1.624030031549953e+002
» C1 = C;
» C2 = C;
```

Una vez calculados los valores de los componentes debe verificarse si sustituyendo estos en la función de red que se ha determinado para el filtro por el método simbólico se obtiene la respuesta de frecuencias esperada. Para ello primeramente se obtendrá la función de red con los valores sustituidos.

```
» HsEval = collect(subs(HsCol));
» [numHs, denHs] = numden(HsEval);
» NumPol = sym2poly(numHs);
» DenPol = sym2poly(denHs);
» HsSimp = tf(NumPol/DenPol(1), DenPol/DenPol(1))
Transfer function:
            -1257 s
     --------------------------
     s^2 + 1257 s + 3.948e007
```

La respuesta de frecuencias de esta función, en el intervalo entre 10^2 y 10^4 evaluando en 10^4 frecuencias con variación logarítmica se obtiene sustituyendo los valores numéricos en la expresión simbólica.

```
» f   = logspace(2, 4, 1e4);
» Hjw = subs(HsEval, s, 1i*2*pi*f);
» figure(1)
» semilogx(f, 20*log10(abs(Hjw)));
» grid;  axis([f(1)  f(end)  -35  0])
» xlabel(['\itf ', '\rm(', '\itHz', '\rm)'])
» ylabel(['|', '\itH', '\rm(', '\itjw', '\rm)|_{dB}'])
» figure(2)
» semilogx(f, angle(Hjw)*180/pi);
» grid;  axis([f(1)  f(end)  -180  180])
» xlabel(['\itf ', '\rm(', '\itHz', '\rm)'])
» ylabel(['\Theta(', '\itw', '\rm)'])
```

La respuesta de magnitud mostrada en la figura 4 cumple con las especificaciones dadas en cuanto a f_0 y Δf, mientras que la de fase confirma que la red es inversora en su banda de paso pues alrededor de f_0 la diferencia de fase entre salida y entrada es 180°.

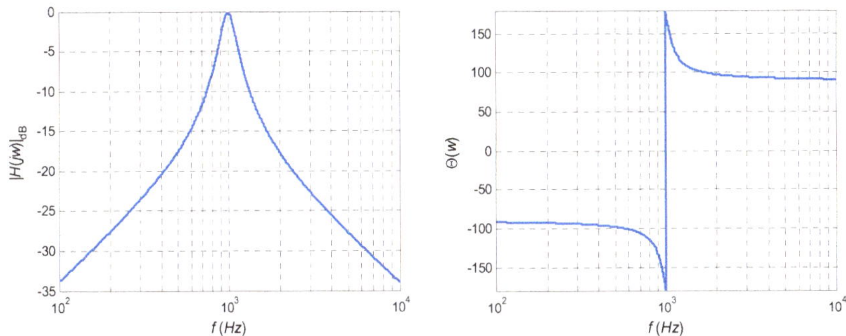

Figura 4. Respuesta de magnitud y fase contra frecuencias del filtro pasobanda realizado en el ejemplo 2 con f_0 = 1 kHz, Δf = 200 Hz. y G = 1 utilizando la red MFB.

El circuito simulado mediante *Tina-TI* utilizando el amplificador operacional OPA364 con fuente desbalanceada (+V) se muestra en la figura 5 con su respuesta de magnitud-frecuencias y un detalle de la misma, verificándose que f_0 = 999.1 Hz, mientras que Δf = 200.17 Hz, por lo que se satisfacen las especificaciones de diseño.

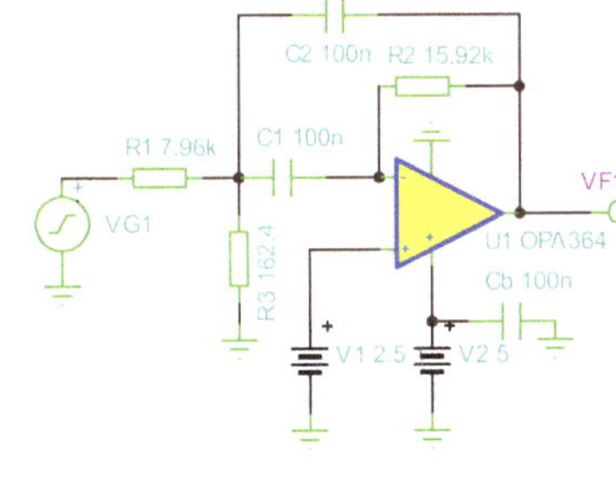

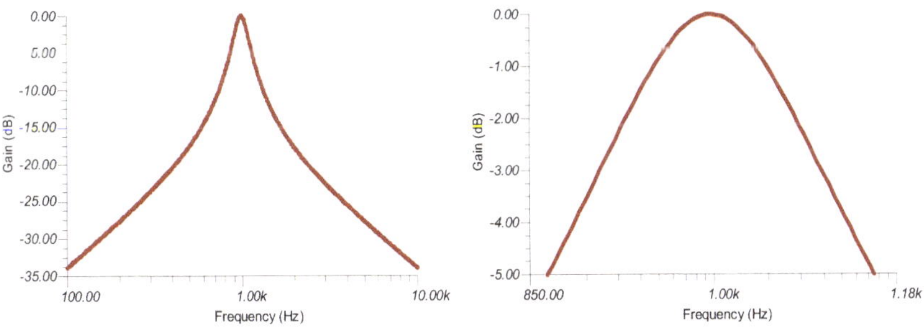

Figura 5. Simulación mediante *Tina-TI* del filtro pasobanda del ejemplo 2 utilizando la red MFB, su respuesta de magnitud-frecuencias y un detalle de su banda de paso.

El procedimiento seguido para determinar la función de red de una configuración de circuito de 2do orden para filtro activo es sistemático, el mismo depende principalmente del planteamiento del sistema de ecuaciones de nodo de acuerdo a los voltajes incógnitas en el circuito. En el anexo 2 se incluyen los sistemas de ecuaciones de nodo para algunas configuraciones de 2do orden. A partir de estas ecuaciones, el resto de los pasos utilizando la vía simbólica son comunes para cualquier configuración de circuito, por lo que encontrar las expresiones de los coeficientes de la función de red, de sus parámetros en términos de sus componentes, de las expresiones para realizar los componentes en términos de los parámetros de la función de red, no requiere de grandes análisis, salvo alguna particularidad propia de cada tipo de respuesta de frecuencias ya que para cada una cambia la forma del numerador.

5. Procedimiento simbólico en el cálculo de la sensibilidad de los parámetros de la función de red de un filtro de 2do orden

Se ha demostrado que realizar los filtros de elevado orden mediante secciones de 2do orden colocadas en cascada reduce su sensibilidad al aislar cada par de polos complejos conjugados de la función de red (y cada par de ceros conjugados si tienen frecuencias finitas) en secciones independientes.

Teniendo el filtro activo descompuesto en secciones de 2do orden, el problema es entonces determinar la sensibilidad de cada sección a los componentes que la realiza. De esta forma, si cada sección de segundo orden caracteriza a su par de polos y ceros (cuando son finitos) por cuatro parámetros como máximo: la frecuencia del par de polos (ω_p), el factor de calidad del par de polos (Q), la ganancia (G), que no puede ser despreciada ya que algunas configuraciones de circuito logran regular Q por medio de G, y la frecuencia del par de ceros (ω_z), lo usual es determinar la sensibilidad de estos cuatro parámetros a cada uno de los componentes pasivos de la red que realiza el filtro. Se debe tener presente que el desplazamiento de los polos y ceros de su posición nominal no solo modifica las respuestas del filtro (en frecuencias o transitorias) sino también compromete su estabilidad.

Se define sensibilidad relativa como la variación que sufre un parámetro Y como consecuencia de la variación que experimenta el componente X del circuito del filtro; esto es

$$S_X^Y = \lim_{\Delta X \to 0} \left(\frac{\Delta Y / Y}{\Delta X / X} \right). \tag{18}$$

Para cambios pequeños esta puede aproximarse mediante

$$S_X^Y = \frac{\Delta Y / Y}{\Delta X / X} = \frac{X \, \Delta Y}{Y \, \Delta X}. \tag{19}$$

Si el parámetro Y es función de diversas variables ($X_1, X_2, \ldots$) la sensibilidad de Y con respecto al parámetro X_i es

$$S_{X_i}^{Y} = \frac{\partial Y / Y}{\partial X_i / X_i} = \frac{X_i}{Y}\frac{\Delta Y}{\Delta X_i} = \frac{\partial(\ln Y)}{\partial(\ln X_i)}. \tag{20}$$

La $S_{X_i}^{Y}$ expresa el % de cambio que sufre el parámetro Y de la función de red ante un % de cambio del componente X_i del circuito. Por ejemplo, si en una configuración de circuito para un filtro activo de 2do orden la sensibilidad de su ω_p con respecto al resistor R_2 es -0.5, lo cual se denota mediante $S_{R_2}^{w_p}$ = -0.5, ello significa que si R_2 se incrementa o disminuye en un 1% el valor de ω_p disminuye o incrementa un 0.5%, o lo que es lo mismo, en un factor -0.005.

Algunas propiedades de la sensibilidad, a partir de (20), son las siguientes.

Sensibilidad	Expresión equivalente
$S_{X_i}^{cY}$ (c constante)	$S_{X_i}^{Y}$
$S_{X_i}^{Y^c}$ (c constante)	$c\, S_{X_i}^{Y}$
$S_{X_i^c}^{Y}$ (c constante)	$\dfrac{1}{c} S_{X_i}^{Y}$
$S_{X_i}^{c+Y}$ (c constante)	$\left(\dfrac{Y}{c+Y}\right) S_{X_i}^{Y}$
$S_{X_i}^{Y_1 Y_2}$	$S_{X_i}^{Y_2} + S_{X_i}^{Y_2}$
$S_{X_i}^{Y_1/Y_2}$	$S_{X_i}^{Y_2} - S_{X_i}^{Y_2}$
S_{1/X_i}^{Y}	$-S_{X_i}^{Y}$
$S_{X_i}^{1/Y}$	$-S_{X_i}^{Y}$
$S_{X_i}^{Y}$	$S_{u_1}^{Y} S_{u_2}^{u_1} S_{X_i}^{u_2}$ si $Y = Y(u_1(u_2))$.

La sensibilidad relativa anteriormente definida también se denomina sensibilidad normalizada ya que al estar afectada por el factor X_i/Y es adimensional y no depende de las magnitudes absolutas de X_i o Y, por lo que puede ser utilizada para comparación entre diversos circuitos. De esta forma representa las variaciones relativas del parámetro con respecto a las variaciones relativas de la componente cuando ambos se desvían de sus respectivos valores nominales. También se definen la sensibilidad absoluta de Y con respecto a X_i como $\Delta Y/\Delta X_i$ y la sensibilidad semi-relativa como $X_i \Delta Y/\Delta X_i$.

Ejemplo 3

Se desea determinar, en el circuito utilizado en el ejemplo 2, cuál es la sensibilidad teórica de la frecuencial $f_0 = \omega_0/2\pi$ con respecto al resistor R_2.

Teniendo en cuenta la propiedad $s_X^{cY} = s_X^Y$, a partir de que la constante $c = 1/2\pi$, la sensibilidad buscada está dada por

$$S_{R_2}^{f_0} = \frac{\partial f_0/f_0}{\partial R_2/R_2} = \frac{\partial(\ln f_0)}{\partial(\ln R_2)}. \tag{21}$$

Para resolver (21) es conveniente reescribir la expresión de la frecuencia central de la banda de paso en una forma más simplificada que la obtenida en el ejemplo anterior; además, se considerarán los dos capacitores diferentes para mayor generalidad del análisis.

$$\omega_0 = \sqrt{\frac{R_1 + R_3}{R_1 R_2 R_3 C_1 C_2}}. \tag{22}$$

Determinando el logaritmo de ω_0

$$\ln(\omega_0) = \tfrac{1}{2}[\ln(R_1 + R_3) - \ln(R_1) - \ln(R_2) - \ln(R_3) - \ln(C_1) - \ln(C_2)].$$

Su derivada con respecto a $\ln(R_2)$ es

$$S_{R_2}^{f_0} = -\tfrac{1}{2}.$$

De la misma forma pueden determinarse las sensibilidades de f_0 con respecto a R_1, R_3, C_1 y C_2, así como las sensibilidades de Q a todos los componentes pasivos.

A este mismo resultado pudo haberse llegado por medio de Matlab simbólico. En ese caso resulta más práctico partir del siguiente planteamiento teniendo en cuenta las ventajas de la función `diff` del *Symbolic Math Toolbox*,

$$S_{R_2}^{f_0} = \frac{\partial f_0/f_0}{\partial R_2/R_2} = \frac{R_2}{f_0}\frac{\partial f_0}{\partial R_2}. \tag{23}$$

De esta forma puede determinarse $\dfrac{\partial f_0}{\partial R_2}$ haciendo

```
» syms   f0  R1  R2  R3  C1  C2
» f0 = sqrt((R1 + R3) / (R1*R2*R3*C1*C2));
» disp 'f0 = ';  pretty(f0)
f0 -
            /    R1 + R3       \1/2
            | --------------- |
            \ C1 C2 R1 R2 R3 /

» df0dR2 = diff(f0, R2);
» disp 'dfo/dR2 = ';  pretty(df0dR2)
```

```
dfo/dR2 =

                              R1 + R3
    - -----------------------------------------
                      2   /    R1 + R3    \1/2
        2 C1 C2 R1 R2  R3 | ------------- |
                          \ C1 C2 R1 R2 R3 /
```

Manipulando el resultado anterior

$$\frac{\partial f_0}{\partial R_2} = -\frac{R_1+R_3}{2C_1C_2R_1R_2^2R_3\sqrt{\dfrac{R_1+R_3}{C_1C_2R_1R_2R_3}}} =$$

$$= -\frac{1}{2R_2}\sqrt{\frac{R_1+R_3}{C_1C_2R_1R_2R_3}} = -\frac{f_0}{2R_2}.$$

Sustituyendo en (23),

$$S_{R_2}^{f_0} = \frac{R_2}{f_0}\frac{\partial f_0}{\partial R_2} = -\frac{R_2}{f_0}\frac{f_0}{2R_2} = -\tfrac{1}{2}.$$

Puede verificar que si se incluye en los cálculos la constante 2π que relaciona a ω_0 con f_0 se llega al mismo resultado por medio del procedimiento anterior. Si R_2 varía un 10 % por encima y por debajo de su valor nominal, que es de $R_{2_{nom}} = 15.915$ kΩ sus valores extremos son:

$$R_{2_{max}} = R_{2_{nom}}(1 + 0.1) = 17.507 \text{ kΩ}.$$

$$R_{2_{min}} = R_{2_{nom}}(1 - 0.1) = 14.324 \text{ kΩ}.$$

Las respuestas de magnitud-frecuencias obtenidas simulando el circuito mediante *Tina-TI* utilizando los valores extremos de R_2 son las que se muestran en la figura 6, en la cual se aprecia que la respuesta de magnitud-frecuencias utilizando $R_{2_{max}} = 17.507$ kΩ desplaza la frecuencia de resonancia hasta $f_{0_{min}} = 952$ Hz, mientras que para $R_{2_{min}} = 14.324$ kΩ esta se desplaza hasta $f_{0_{máx}} = 1.052$ kHz. Este resultado confirma el significado del signo negativo de $S_{R_2}^{f_0}$.

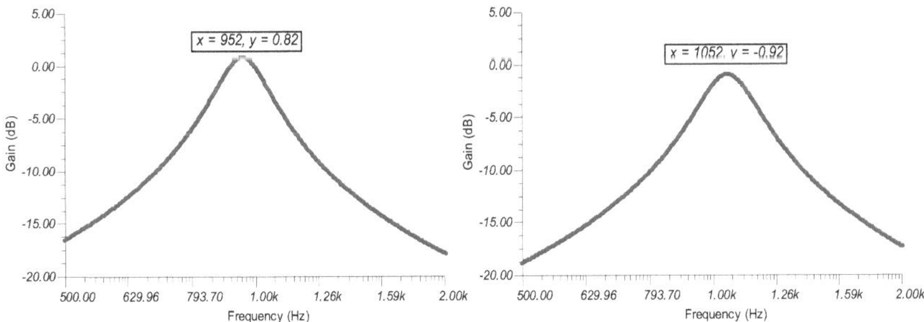

Figura 6. Respuestas de magnitud-frecuencias del filtro del ejemplo 2 simulado mediante *Tina-TI* cuando R_2 toma valores $R_{2_{max}}$ (izq.) y $R_{2_{min}}$ (der.) con 10 % de tolerancia.

De los resultados de las simulaciones anteriores puede calcularse la sensibilidad de la frecuencia de resonancia a R_2 para la red MFB mediante

$$S_{R_2}^{f_0} = \frac{\Delta f_0 / f_0}{\Delta R_4 / R_{4_{nom}}} = \frac{(952-1052)/999.1}{(17505-14324)/15915} = -0.500765$$

Puede verificarse con algunos valores intermedios de R_2, entre $R_{2_{max}}$ y $R_{2_{min}}$, que las variaciones de f_0 siguen una relación muy próxima a la lineal con respecto a las variaciones de este resistor dentro de cierto rango, por lo que puede estimarse f_0 si se conoce el valor del resistor cuando difiere del nominal. La figura 7 muestra esta relación.

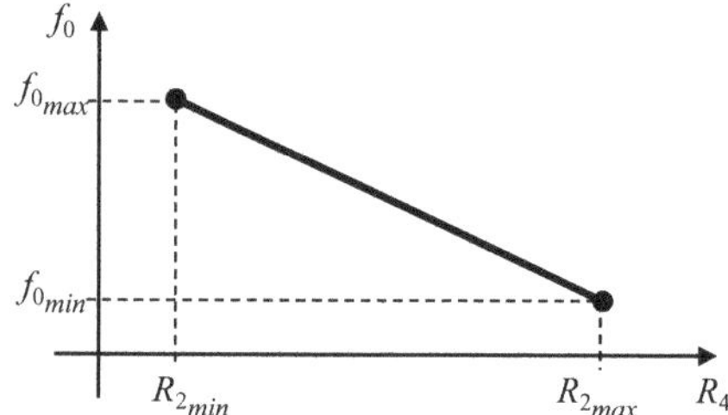

Figura 7. Variación de f_0 cuando se modifica R_2 para el filtro MFB del ejemplo 2 cuando esta toma valores entre $R_{2_{max}}$ y $R_{2_{min}}$ con el 10 % de tolerancia.

El resultado de la simulación confirma experimentalmente el valor de sensibilidad calculado teóricamente.

Resulta oportuno recalcar que el análisis de la sensibilidad se realiza basado en el análisis de la tolerancia de los componentes del circuito. Dado que todos los componentes pueden variar alrededor de su valor nominal y dentro de su margen de tolerancia, el análisis de la tolerancia que puede admitirse para cada componente es la base para el análisis de la sensibilidad con el propósito de encontrar el rango de variación de los parámetros de interés de las respuestas del filtro. Esto es, el problema del análisis de la tolerancia durante el diseño de un filtro consiste en encontrar el posible margen de variación de cada componente que garantice que las variaciones de los parámetros de las respuestas del circuito tengan una distribución aceptable para que no comprometan su desempeño. Para ello se han desarrollado recientemente varias técnicas, pero las que se reconocen como de mayor potencialidad y eficacia se han basado hasta ahora en el análisis de Monte Carlo.

6. Análisis de Monte Carlo de la respuesta de magnitud-frecuencias para las variaciones de un componente del filtro

La sensibilidad de un parámetro de la función de red de un circuito (ej. ω_z, ω_p, Q y G) a la tolerancia de alguna componente, en la forma vista anteriormente, devuelve un valor numérico que no expresa cómo varían las respuestas de interés del filtro (ej. respuestas de frecuencia o transitorias) ante la tolerancia de alguno o varios componentes en caso de que puedan modificar sus valores cualquiera de estos simultáneamente. Es por ello que ha sido una práctica el análisis de Monte Carlo de las respuestas del filtro ante las variaciones de los valores sus componentes a causa de la tolerancia.

El análisis de Monte Carlo, también denominado en la literatura en lengua inglesa como *Statistic Analogical Experiment Analysis* o también *Random Analogy Analysis* hace variar aleatoriamente dentro, de un intervalo, a los valores de los componentes de interés en el circuito y determina el conjunto de respuestas que estas variaciones producen. Por tanto, es un método estadístico de análisis que calcula la respuesta de un circuito cuando los parámetros del mismo varían aleatoriamente. Para ello utiliza múltiples cálculos numéricos de la respuesta a analizar basándose en la teoría de las probabilidades para asignar valores a los componentes del circuito de acuerdo a alguna distribución estadística que se especifique y dentro de su margen de tolerancia. Con el análisis de Monte Carlo puede realizarse un análisis estadístico de las respuestas logradas, pudiendo determinarse el comportamiento medio, las respuestas extremas, confeccionar histogramas de los resultados, etc. No obstante, su seguridad está limitada por el tiempo de cálculo o por el monto de variantes a calcular, mientras más variantes más confianza en los resultados, por lo que generalmente se efectúan cientos o miles de corridas para poder arribar a resultados con mayor nivel de confianza. (Erdei, 2007; Fitzpatrick, 2012; Shujuan, Zhiping, & Hongliang, 2005)

El análisis de Monte Carlo forma parte de las opciones de muchas herramientas para simulación y análisis de circuitos como *Tina-TI* y *PSpice* (*MultiSim*) por ejemplo; no obstante este puede realizarse con gran facilidad mediante Matlab si se dispone de la función de red del circuito.

Ejemplo 4

Se desea realizar un análisis de Monte Carlo de las variaciones que sufre la respuesta de magnitud-frecuencias del filtro pasobanda realizado en el ejemplo 2 utilizando la configuración MFB con $f_0 = 1$ kHz, $\Delta f = 200$ Hz y $G = 1$ a f_0, ante las variaciones que puede experimentar R_2 suponiendo que esta varía con una tolerancia del 10 % alrededor de su valor nominal y pudiendo tomar valores aleatorios con distribución uniforme en ese intervalo.

Las variaciones del resistor R_2 se simulan generando aleatoriamente valores de este con media igual a su valor nominal y distribución de densidad probabilística uniforme dentro del intervalo del 10 % de su valor nominal. Para ello se genera un vector con 50 valores de R_2 y, trabajando en forma matricial mediante Matlab, se genera igual número de respuestas de frecuencias, las cuales se trazan en el intervalo de 800 a 1300 Hz con resolución de 0.01 Hz. El código en Matlab es el siguiente y su resultado se muestra en la figura 8.

```
» Tol = 10;                    % Tolerancia en %.
» NV  = 50;                    % Número de  variantes.
» R2m = R2*(1 + 0.02*Tol*(rand(NV, 1)-0.5));
» R2m = round(100*R2m)/100;
» b1  = 1 / (R1*C2);
» b   = [0  -b1  0];           % Numerador: B(s).
» a2  = ones(NV, 1);
» a1  = (C1 + C2) ./ (R2m*C1*C2);
» a0  = (R1 + R3) ./ (R1*R2m*R3*C1*C2);
» a   = [a2  a1  a0];          % Denominador: A(s).
» f   = 800 : 0.01 : 1300;
» H   = freqs(b, a(1, :), 2*pi*f);
» semilogx(f, 20*log10(abs(H)));   hold on
» for k = 2 : NV,
      H = freqs(b, a(k, :), 2*pi*f);
      semilogx(f, 20*log10(abs(H)));
» end
» grid; hold off
```

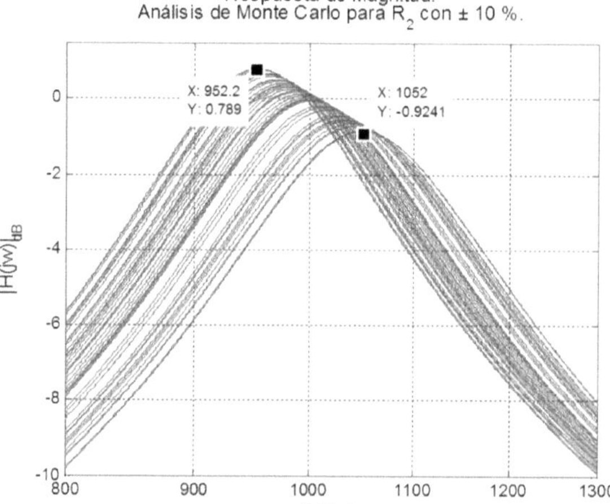

Figura 8. Análisis de Monte Carlo de las variaciones de f_0 cuando se modifica R_2 tomando valores aleatorios con el 10 % de tolerancia para el filtro MFB del ejemplo 2.

Los 50 trazados de la respuesta de magnitud-frecuencias tienen como extremos de f_0 casi los mismos encontrados simulando el circuito con *Tina-TI*; esto es, 952 Hz y 1.052 kHz. Nótese además que los picos de resonancia se desplazan aproximadamente sobre una recta entre estos dos valores extremos. Esto confirma que la relación entre las variaciones del resistor R_2 y la frecuencia central sigue una relación lineal dentro de cierto intervalo.

El análisis de Monte Carlo para R_2 muestra que esta también influye sobre la ganancia, pues a través de ella se establece una de las vías de realimentación del AOp, lo cual se había observado mediante la simulación del circuito con *Tina-TI*.

Dado que los valores de R_2 se generan aleatoriamente con una distribución de probabilidad uniforme, y que solo se generan 50 valores en el intervalo entre el 90 % y el 110 % de R_2 (10 % de tolerancia) es evidente que no todos los posibles valores de este resistor se generen en una realización. Si se desea determinar la tendencia de los valores extremos de f_0 deben promediarse varias realizaciones.

Muy importante es saber relacionar el resultado de un cálculo teórico de la sensibilidad con el resultado práctico que debe producir un circuito. El análisis de Monte Carlo generalmente se realiza variando aleatoriamente todos los componentes pasivos del circuito; no obstante, puede aplicarse cuando se desea conocer las variaciones que se producen en un parámetro de la respuesta del circuito ante las variaciones de alguno de sus componentes.

El análisis de Monte Carlo es un método costoso pues se basa en múltiples simulaciones que se realizan repetidamente. Ello se debe a que es un método basado en la estadística, lo cual hace que necesite de varios cientos, o tal vez miles, de muestras para arribar a resultados estadísticamente aceptables. Mientras más simulaciones mayor precisión en los resultados, principalmente cuando se desean determinar parámetros estadísticos de las respuestas obtenidas, tales como valor medio, varianza, etc. Teóricamente, si N es el número de simulaciones o respuestas del filtro ante N combinaciones de variaciones aleatorias de sus componentes, las N respuestas obtenidas definen el área esperada de la verdadera respuesta, pero de esta forma no se garantiza que se encuentre la peor variante de combinación de los valores de los componentes, excepto si $N \to \infty$. (Hayes, Tadeo, & Salazar, 2010)

Es por ello que el análisis de Monte Carlo demanda un alto esfuerzo computacional y tiempo de cálculo, lo cual ha conducido a que recientemente se hayan encontrado alternativas más eficientes basadas en el análisis de valores extremos de tolerancia (*WCTA: worst-case tolerance analysis*), los diagramas de decisión determinante (*DDD: Determinant Decision Diagrams*) (Palma-Rodriguez, Tlelo-Cuautle, Rodriguez-Chavez, & Tan, 2012) o los algoritmos simbólicos (Mandache et al., 2010), destinándose fundamentalmente el análisis de Monte Carlo para condiciones en los que no se dispone de un modelo matemático del circuito (Shujuan et al., 2005). No obstante, actualmente muchas herramientas para simulación y análisis de circuitos (ej. *PSpice*, *Tina-TI*, etc.) ofrecen la posibilidad del análisis de Monte Carlo, aunque generalmente para el caso en que todos los componentes varían simultáneamente, por lo que de esa forma resulta difícil determinar los componentes críticos del circuito. Por ejemplo, para realizar el análisis de la sensibilidad de un parámetro (ej. f_0) a una componente individual debe asignarse diversos valores a esta (como parámetro variable) y determinar para cada valor de la componente el valor medio del parámetro en el análisis de Monte Carlo para luego calcular, como se realizó anteriormente $S_{x_i}^{f_0} = (\Delta f_0/f_0)/(\Delta x_i/x_{i_{nom}})$ (Raut & Swamy, 2010). A pesar de ello, dado que siempre se evalúa un conjunto finito de alternativas, no es del todo probable poder determinar el peor caso en que las tolerancias de los componentes afectan el desempeño del filtro.

En particular el método *WCTA*, que busca determinar los márgenes de tolerancia en los componentes que aseguran que los límites máximo y mínimo de una respuesta del filtro no sobrepase determinado margen de desempeño, adolece de la incertidumbre debida a que es difícil predecir cuál es la combinación de valores extremos de los componentes que conduce al peor caso en el desempeño de un circuito, principalmente cuando el *WCTA* se acomete mediante análisis de Monte Carlo (Kolev, 2002). La razón de ello radica en que los análisis de peor caso se sustentan en la idea de que si todos los componentes del circuito asumen simultáneamente sus valores máximos y mínimos (extremos) dentro de sus respectivas tolerancias es posible que las respuestas logradas sean el peor caso. Como quiera que sea, encontrar las condiciones para la peor variante es todo un reto. Al efecto se han publicado algunos trabajos como los de Hayes et al. (2010) basados en el uso de valores singulares estructurados a partir de la teoría del control robusto que tiene la ventaja de determinar el peor caso basado en repeticiones pero no de forma estadísticas, sino en un procedimiento equivalente a los análisis de estabilidad de sistemas. Si bien el método tiene su potencialidad requiere de sólidos conocimientos de teoría del control y de la aplicación de espacios de estado para su aplicación.

Por su parte los *DDD* se basan también en métodos simbólicos, pero están más encaminados a circuitos de gran complejidad y tamaño con muchos transistores donde deben manipularse gran número de términos simbólicos. En tal caso la complejidad es mitigada siguiendo un algoritmo gráfico o diagrama de decisión determinante.

7. Alternativa simbólica al análisis de Monte Carlo basada en la sensibilidad de transferencia

En epígrafes anteriores se ha abordado la forma de encontrar funciones de redes para las configuraciones de los filtros, parámetros de estas y respuestas del circuito. Se ha visto cómo determinar la sensibilidad de un parámetro de la función de red a las variaciones de un componente del circuito que posee determinada tolerancia, y se ha realizado el análisis de Monte Carlo de la respuesta de magnitud-frecuencias de un filtro ante las variaciones de un solo componente del circuito. Incluso, se ha utilizado un método que pudiera ser catalogado de "fuerza bruta" para determinar la sensibilidad de un parámetro de la función de red (f_0) variando experimentalmente el valor de un componente del circuito simulado mediante *Tina-TI*. El motivo de catalogarlo así radica en que, además de ser poco preciso por basarse en determinar puntos sobre respuestas muy cercanas, el tiempo necesario y el costo computacional para obtener el resultado es elevado por la necesidad de realizar múltiples simulaciones. Incluso las herramientas computacionales que lo realizan invierten para ello gran cantidad de tiempo. Una alternativa reconocida por diversos autores, la cual es poderosa, eficiente y eficaz, la brindan los algoritmos simbólicos (Palma-Rodriguez et al., 2012).

En este epígrafe se extiende el análisis de la sensibilidad a toda la función de red, utilizando como caso de estudio la respuesta de frecuencias de esta, ante la variación de todos los componentes del circuito como una alternativa al análisis de Monte Carlo y de valores extremos. Es por ello que a diferencia del concepto de sensibilidad utilizado anteriormente, ahora se aborda el concepto de función de sensibilidad.

El enfoque clásico de abordar la función de sensibilidad plantea que si $H(s)$ es la función de red del circuito de un filtro de 2do o 1er orden, la cual es una función racional dada por el cociente de polinomios $B(s)\ /\ A(s)$ como se mostró en (12), las variaciones normalizadas que esta experimenta debido a las modificaciones de sus coeficientes se puede expresar mediante

$$\frac{\Delta H(s)}{H(s)} = \sum_{j=0}^{2} S_{b_j}^{B(s)} \frac{\Delta b_j}{b_j} + \sum_{k=0}^{1} S_{a_k}^{A(s)} \frac{\Delta a_k}{a_k}, \tag{24}$$

donde $S_{b_j}^{B(s)}$ y $S_{a_k}^{A(s)}$ son las sensibilidades del numerador y denominador respectivamente a las variaciones de sus coeficientes, siendo dependiente de los valores de los coeficientes y de la frecuencia compleja s, por lo que es a su vez una función de la frecuencia ω. Al mismo tiempo, las variaciones de los coeficientes están en función de las variaciones de los componentes del filtro (resistores, capacitores y ganancia), siendo para los coeficientes del numerador

$$\frac{\Delta b_j}{b_j} = \sum_{\mu=1}^{r} S_{R_\mu}^{b_j} \frac{\Delta R_\mu}{R_\mu} + \sum_{v=1}^{c} S_{C_v}^{b_j} \frac{\Delta C_v}{C_v} + \sum_{l=1}^{g} S_{\beta_l}^{b_j} \frac{\Delta \beta_l}{\beta_l}, \tag{25a}$$

y para los coeficientes del polinomio del denominado

$$\frac{\Delta a_j}{b_j} = \sum_{\mu=1}^{r} S_{R_\mu}^{a_j} \frac{\Delta R_\mu}{R_\mu} + \sum_{v=1}^{c} S_{C_v}^{a_j} \frac{\Delta C_v}{C_v} + \sum_{l=1}^{g} S_{\beta_l}^{a_j} \frac{\Delta \beta_l}{\beta_l}, \tag{25b}$$

donde R_μ son los resistores, C_v los capacitores y β_l los coeficientes de realimentación de los amplificadores operacionales (Jurisic et al., 2001),(Moschytz, 2002).

De (24) se comprende que la sensibilidad de la función de red, o de las respuestas que de esta se esperan, es la misma para cualquier filtro que tenga la misma estructura en su función de red; esto es, los mismos coeficientes. Por ejemplo, todo filtro pasobanda de 2do orden con un cero en el origen y el otro en infinito tiene una función de red con la forma dada en (14), por lo que todos tendrán la misma sensibilidad a las variaciones en la misma proporción del mismo coeficiente. Por el contrario (25) muestra que cada coeficiente de la función de red tiene una sensibilidad que depende de la expresión que relaciona el coeficiente con los elementos del circuito, lo cual depende del tipo de topología que este tenga y de la tolerancia que se utilice para cada componente en particular. A partir de ello es que muchas veces se analizan las sensibilidades de los parámetros que determinan las respuestas de un filtro de 2do orden (ω_z, ω_p, Q y G) ya que como se ha visto anteriormente son función de los coeficientes del filtro. En resumen, la sensibilidad de la función de red a las variaciones de los coeficientes del filtro dada en (24), la que además depende de (25) no resulta práctica pues para cada configuración de circuito hay una expresión diferente de los coeficientes en función de la estructura del circuito. No obstante, este ha sido el enfoque clásico en el que se basan los análisis de sensibilidad.

Un enfoque más actual, que también permite la utilización de métodos simbólicos y ofrece de una forma más directa la sensibilidad de cualquier tipo de respuesta del filtro, utiliza directamente la sensibilidad relativa de la función de red a las variaciones de cualquiera de los componentes del filtro a partir de definir (Mandache et al., 2010), (Jurisic, 2014)

$$S_{x_i}^H(s) \;=\; \frac{\partial H(s)}{\partial x_i}\,\frac{x_i}{H(s)} \;=\; \frac{\partial \ln H(s)}{\partial \ln x_i}, \tag{26}$$

la cual, además de depender de los componentes x_i, que son los resistores, capacitores y cualquier otro parámetro del circuito, depende también de la frecuencia compleja s. La expresión (26) también se acostumbra denominar sensibilidad de transferencia (*transfer sensitivity*) por expresar la sensibilidad de la función de red a las variaciones de los componentes, mientras que la sensibilidad dada por medio de las expresiones (19) o (20) se denomina sensibilidad de parámetro (*parameter sensitivity*).

Si se desea analizar la sensibilidad de transferencia utilizando como caso de estudio la respuesta de magnitud-frecuencias debe evaluarse la expresión anterior para $s = j\omega$, lo cual parte de:

$$H(j\omega) \;=\; |H(j\omega)|\exp\{j\theta(\omega)\}.$$

Aplicando logaritmo natural

$$\ln H(j\omega) \;=\; \ln|H(j\omega)| + j\,\theta(\omega) \;=$$
$$=\; A(\omega) + j\,\theta(\omega), \tag{27}$$

donde a causa del logaritmo $A(\omega)$ tiene unidades de Nepers, mientras que $\theta(\omega)$ sigue dándose en radianes.

Sustituyendo (27) en la expresión de la sensibilidad relativa (26) se obtiene:

$$S_{x_i}^H(j\omega) \;=\; \frac{x_i}{A(\omega)}\frac{\partial A(\omega)}{\partial x_i} + j\,\frac{x_i}{\theta(\omega)}\frac{\partial \theta(\omega)}{\partial x_i}.$$

En este resultado se identifican la sensibilidad relativa de la respuesta de magnitud-frecuencias,

$$S_{x_i}^A(\omega) \;=\; \mathrm{Re}\{S_{x_i}^H(j\omega)\} \;=\; \frac{x_i}{A(\omega)}\frac{\partial A(\omega)}{\partial x_i}, \tag{28a}$$

y la sensibilidad relativa de la respuesta de fase-frecuencias,

$$S_{x_i}^{\theta}(\omega) \; = \; \mathrm{Im}\{S_{x_i}^{H}(j\omega)\} \; = \; \frac{x_i}{\theta(\omega)}\frac{\partial\theta(\omega)}{\partial x_i}. \qquad\qquad (28b)$$

Estas son fáciles de obtener a partir de disponer de la función de red de la sección del filtro si se utilizan algoritmos simbólicos.

La ventaja de esta alternativa, comparada con el método de Monte Carlo tradicional, radica en que no es necesario realizar múltiples simulaciones del circuito para trazar las diversas respuestas, ya sea de magnitud como de fase contra frecuencias, que se producen variando sucesivamente valores de los componentes del circuito. Por el contrario, la determinación de $S_{x_i}^{A}(\omega)$ y $S_{x_i}^{\theta}(\omega)$ permite determinar mediante un solo trazado de cada una la magnitud de la variación de estas respuestas en función de la frecuencia, con la ventaja adicional que no se realizan grandes volúmenes de cálculos numéricos ya que se trabaja con expresiones simbólicas.

Si se conoce la forma simbólica de la función de red del filtro y se consideran n valores intermedios de frecuencias en los que se desean evaluar $S_{x_i}^{A}(\omega)$ y $S_{x_i}^{\theta}(\omega)$, el análisis de la variación de estos se convierte en un procedimiento sistemático y fácil de realizar. En este caso, dado que las funciones de red de los filtros activos de 2do orden son funciones racionales, dadas por el cociente de dos polinomios en s, numerador y denominador, con coeficientes reales y exponentes enteros; eso es, $H(s) \; = \; B(s) \,/\, A(s)$, la aplicación del logaritmo natural también involucra que:

$$S_{x_i}^{H}(j\omega) \; = \; S_{x_i}^{B}(j\omega) - S_{x_i}^{A}(j\omega). \qquad\qquad (29)$$

Ejemplo 5

Para el filtro pasobanda de 2do orden diseñado en el ejemplo anterior con frecuencia central de la banda de paso en $f_0 = 1$ kHz, ancho de banda $\Delta f = 200$ Hz y $G = 1$ a f_0, se deteminará, utilizando Matlab simbólico, la expresión de la sensibilidad de su respuesta de magnitud-frecuencias ante las variaciones de R_2. Se trazará además la función de sensibilidad de la respuesta de magnitud-frecuencias ante las variaciones del resistor R_2 para el caso en que este tenga una tolerancia del 10 % alrededor de su valor nominal. Por último se mostrará la respuesta de magnitud-frecuencias del filtro con las desviaciones que sufre a causa de las variaciones de R_2.

A partir de la función de red del circuito y utilizando las herramientas simbólicas de Matlab, se construye primeramente la función de red.

```
» syms   s;
» syms   R1  R2  R3  C1  C2  real;
» NumHs = -s / (R1*C2);
» DenHs = s^2 + s*((C1 + C2) / (R2*C1*C2)) +...
          (R1 + R3) / (R1*R2*R3*C1*C2);
» Hs    = NumHs / DenHs;
```

Como se puede apreciar, los componentes que pueden afectar la sensibilidad de la función de red
son las constantes que intervienen en las expresiones del numerador y denominador de $H(s)$, las
cuales son: R_1, R_2, R_3, C_1 y C_2.

Evaluando para $s = j\omega$ se obtiene

```
» syms w
» Num_jw = subs(NumHs, s, 1i*w)
Num_jw =
        -(w*i)/(C2*R1)
» Den_jw = subs(DenHs, s, 1i*w)
Den_jw =
        (R1 + R3)/(C1*C2*R1*R2*R3) - w^2 + (w*(C1 + C2)*i)/(C1*C2*R2)
```

Dado que se desea determinar la sensibilidad de la respuesta de magnitud-frecuencias a los
componentes del circuito, es conveniente calcular las expresiones de la función magnitud del
numerador y denominador separadamente. Aunque Matlab simbólico posee las funciones `real` e
`imag` para calcular de manera simbólica las partes real e imaginaria de una expresión simbólica,
estas devuelven expresiones muy extensas, siendo preferible determinar las respectivas funciones
de magnitud separando manualmente las partes real e imaginaria del numerador y denominador
de la forma siguiente.

```
» ReNum_jw = 0;
» ImNum_jw = -w/(C2*R1);
» MagnNum  = simple(sqrt(ReNum_jw^2 + ImNum_jw^2));
» pretty(MagnNum)
          /     2     \1/2
          |    w      |
          | ------- |
          |   2   2 |
          \ C2   R1  /
» ReDen_jw = (R1 + R3) / (C1*C2*R1*R2*R3) - w^2;
» ImDen_jw = w*(C1 + C2) / (C1*C2*R2);
» MagnDen  = simple(sqrt(ReDen_jw^2 + ImDen_jw^2));
» pretty(MagnDen)
      /                                    2          2 \1/2
      | / 2       R1 + R3      \2   w  (C1 + C2)  |
      | | w  - -------------- |  + ------------- |
      | \        C1 C2 R1 R2 R3 /       2   2   2  |
      \                             C1  C2  R2   /
```

Las respectivas sensibilidades del numerador y denominador de la respuesta de magnitud-
frecuencias ante las variaciones de R_2 están dadas por

```
» SeNumMagR2 = simple(diff(MagnNum, R2) * R2/MagnNum);
» pretty(SeNumMagR2)

      0

» SeDenMagR2 = simple(diff(MagnDen, R2) * R2/MagnDen);
» pretty(SeDenMagR2)

        /                                    /  2       R1 + R3       \ \
        |        2                2  2 (R1 + R3) | w  - -------------- | |
        |   2 w  (C1 + C2)                       \      C1 C2 R1 R2 R3 / |
    R2  |  ----------------- - ------------------------------------------- |
        |      2   2   3                              2                    |
        \     C1  C2  R2             C1 C2 R1 R2  R3                     /
    - -----------------------------------------------------------------------
              /                                      2          2 \
              |  / 2       R1 + R3       \2    w  (C1 + C2)  |
          2   | |  w  - -------------- | + ------------- |
              |  \      C1 C2 R1 R2 R3 /       2   2   2    |
              \                               C1  C2  R2    /
```

Como puede apreciarse, la sensibilidad del numerador de la respuesta de magnitud-frecuencias a las variaciones de R_2 es cero ya que el numerador no depende de este resistor. Por otra parte, la sensibilidad del denominador de la respuesta de magnitud-frecuencias no solo depende de todos los componentes del circuito, sin que también es función de la frecuencia.

De esta forma la sensibilidad de la respuesta de magnitud-frecuencias al resistor R_2 es

```
» SeMagHw_R2 = SeNumMagR2 - SeDenMagR2;
```

Dado que la sensibilidad del numerador de la respuesta de magnitud-frecuencias de esta configuración de circuito no depende de R_2, entonces la sensibilidad de toda su respuesta de magnitud-frecuencias coincide con el negativo de la mostrada anteriormente para el denominador.

Para trazar la sensibilidad de la respuesta de magnitud-frecuencias ante las variaciones del resistor R_2 debe sustituirse en ella los valores de todos los componentes del filtro diseñado y posteriormente evaluar la expresión resultante para las frecuencias en que se desea conocer tal sensibilidad.

```
» R1 = 7.957747154594768e+003;
» R2 = 1.591549430918954e+004;
» R3 = 1.624030031549953e+002;
» C1 = 100e-9;
» C2 = 100e-9;
» Tol = 0.1;
» SeMagHw_EvR2 = simplify(subs(SeMagHw_R2))*Tol*8.685889638065;
```

En el cálculo de la sensibilidad se ha utilizado el factor 8.685889638065 ya que esa es la proporción que existe para cualquier número x (siempre que $x > 0$) entre $20\log_{10}(x)/\ln(x)$, la cual se conoce como relación dB / Neper. Téngase presente que para obtener la expresión de la sensibilidad de la respuesta de magnitud-frecuencias separada de la de fase-frecuencias se parte de asumir que se ha calculado el logaritmo natural de la respuesta de frecuencias del filtro como está planteado en (27).

Corresponde seguidamente evaluar la función obtenida para frecuencias logarítmicamente espaciadas desde 100 Hz hasta 10 kHz, mostrándose su resultado en la figura 9.

```
» f = logspace(2, 4, 1e4);
» SeHw_EvR2_f = subs(SeHw_EvR2, 2*pi*f);
```

El trazado de $S_{R_2}^{A}(\omega)$, se realiza mediante,

```
» semilogx(f, SeHw_EvR2_f);  grid
» xlabel(['\itf ', '\rm(', '\itHz', '\rm)'])
» ylabel(['\itS_{R_2}^A', '\rm(', '\itjw', '\rm)_{dB}'])
```

Como puede apreciarse de la figura 9 los mayores valores de $S_{R_2}^{A}(\omega)$ para esta configuración de circuito pasobanda se produce precisamente en el entorno de f_0, pudiendo variar desde +2.842 dB para 914.3 Hz hasta -1.544 dB a 1.117 kHz. En frecuencias muy por debajo de f_0 esta sensibilidad tiende a permanecer constante con aproximadamente 0.8777 dB, mientras que para frecuencias muy por encima de f_0 tiende a cero.

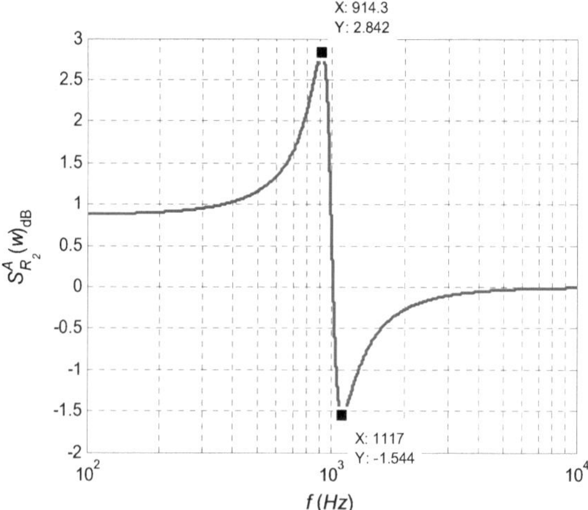

Figura 9. Trazado de la sensibilidad de la respuesta de magnitud-frecuencias para el filtro MFB del ejemplo 2cuando se modifica R_2 con el 10 % de tolerancia.

Para determinar cómo se modifica la respuesta de magnitud-frecuencias con las variaciones de R_2 en un 10 % alrededor de su valor nominal debe trazarse $A(\omega)_{\mathrm{dB}} \pm S_{R_2}^{A}(\omega)_{\mathrm{dB}}$. Para ello primeramente es necesario obtener la respuesta de magnitud-frecuencia nominal a partir de evaluar la función de red tanto para los valores de los componentes del circuito como para los valores de las frecuencias en los que se desea trazar esta función.

```
» Hs_Eval   = subs(Hs);
» Hs_jw     = subs(Hs_Eval, s, 1i*2*pi*f);
» Hjw_dB    = 20*log10(abs(Hs_jw));    % Respuesta de magnitud nominal.
» HdBMaxR2 = Hjw_dB + SeHw_EvR2_f;
» HdBMinR2 = Hjw_dB - SeHw_EvR2_f;
```

Finalmente se obtiene el trazado simultáneo de la respuesta de magnitud-frecuencias nominal y las producidas por $A(\omega)_{\mathrm{dB}} \pm S_{R_2}^{A}(\omega)_{\mathrm{dB}}$, el cual se muestra solamente para el intervalo de frecuencias entre 800 Hz y 1.3 kHz debido a que se desea comparar con el análisis de Monte Carlo realizado en el ejemplo anterior.

```
» semilogx(f, HdBMaxR2, 'r--');
» hold on
» semilogx(f, HdBMinR2, 'g--')
» semilogx(f, Hjw_dB,   'b-');
» hold off;
» grid;
» xlabel(['\itf ', '\rm(', '\itHz', '\rm)'])
» ylabel(['|', '\itH', '\rm(', '\itjw', '\rm)|_{dB}'])
» axis([800  1300  -10  2]);
```

La figura 10 muestra los tres trazados. Lo que se ha obtenido es el margen de variación de la respuesta de magnitud-frecuencias nominal (con trazo continuo) ante las variaciones de R_2 cuando esta tiene un 10 % de tolerancia, siendo esos márgenes los que se muestran con trazo discontinuo.

Se confirma que el resistor R_2 afecta tanto la frecuencia central de la banda de paso del filtro como el valor de la ganancia en esta. El análisis actual arroja que para una tolerancia del 10 % el resistor R_2 puede hacer variar el pico de resonancia desde 965 Hz con 1.675 dB hasta 1 041 kHz con 0.0455 dB. Debe observarse que el signo de la variación es negativo lo cual coincide con la expresión simbólica obtenida para $S_{R_2}^{A}(\omega)_{\mathrm{dB}}$.

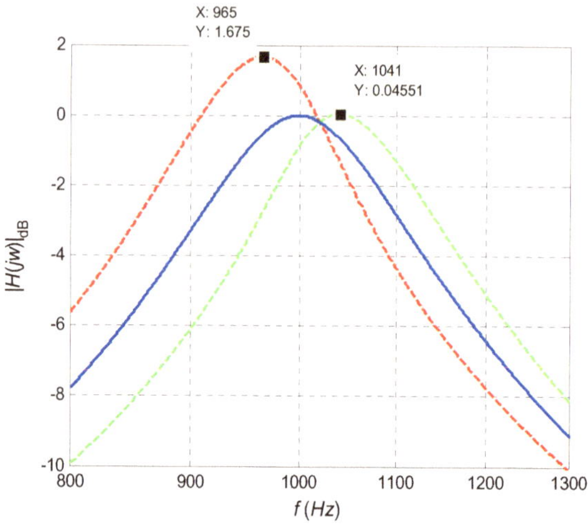

Figura 10. Margen de variación de la respuesta de magnitud-frecuencias nominal (trazo continuo) ante las variaciones de R_2 cuando esta tiene un 10 % de tolerancia.

Pueden compararse los márgenes de variación obtenidos en el ejemplo 2 donde se realizó el análisis de Monte Carlo del mismo circuito ante las variaciones de R_2 con un 10 % de tolerancia. La coincidencia entre ambos métodos es elevada a pesar de la gran diferencia en procedimiento seguida por cada uno y a que en el análisis de Monte Carlo los valores de R_2 se generan aleatoriamente sin que pueda garantizarse que sus valores extremos dentro del margen de tolerancia sean tomados en la realización efectuada. No obstante, las grandes ventajas del procedimiento seguido en este ejemplo radican en que se utilizan métodos simbólicos que son de mucha menos complejidad, en que la evaluación numérica se realiza luego de obtener las expresiones de la sensibilidad y en que no es necesario calcular múltiples respuestas de magnitud-frecuencia para un conjunto de los posibles valores que pueda tomar R_2, con lo cual se produce un gran ahorro de tiempo de cálculo y volumen de datos en memoria.

El procedimiento seguido en este ejemplo para determinar los márgenes de variación de la respuesta de magnitud-frecuencias a partir de las expresiones de $S_{x_k}^{B}(j\omega)$ y $S_{x_k}^{A}(j\omega)$ puede realizarse para cualquiera de los otros componentes pasivos del circuito. Ello es la base para determinar lo que con anterioridad se denominó "componentes críticos" en el análisis de tolerancias de una configuración de circuito dada para realizar un filtro activo. En resumen, aquellos componentes que arrojen un mayor margen de variación deben tener menor tolerancia si es que el margen que producen compromete el buen desempeño del filtro.

El lector puede hacer los trazados de las respuestas de magnitud-frecuencias, con sus márgenes de variación, para el resto de los componentes pasivos del circuito y analizar cómo influye cada uno por separado en las desviaciones que sufre tal respuesta de frecuencias. Por ejemplo, la figura 11 muestra las variaciones que sufre la respuesta de magnitud-frecuencias nominal debida a las tolerancias de R_1 (a la izquierda) y C_2 (a la derecha).

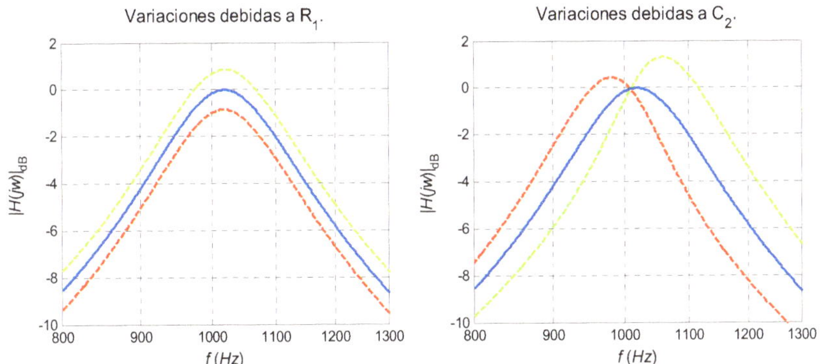

Figura 11. Margen de variación de la respuesta de magnitud-frecuencias nominal (trazo continuo) ante las variaciones de R_1 (a la izquierda) y de C_2 (a la derecha) cuando estos tienen un 10 % de tolerancia.

Se observa que R_1 solamente modifica la ganancia del filtro negativamente, pues forma un divisor de voltaje a la entrada del filtro, por lo que un valor elevado de tolerancia para este resistor no compromete ni la frecuencia, f_0, ni el factor de calidad, Q, del filtro. Por el contrario C_2, dado que es una de las vías de realimentación del circuito al igual que R_2, influye tanto en la ganancia como en la frecuencia central de la banda de paso, debiendo reservarse para él componentes de menor tolerancia.

Cuando todos los componentes del circuito se desvían de su valor nominal, considerando que tal desviación es una variable aleatoria independiente para cada componente con valor medio cero y desviación estándar igual para todos los componentes, la desviación estándar de la sensibilidad total de la respuesta de magnitud-frecuencias, σ_A, debida a todos los P componentes del circuito, x, es la raíz cuadrada de la suma cuadrática (*RSS: Root Sum Square*) de las sensibilidades de la respuesta de magnitud-frecuencias debidas a todos los componentes del circuito, esto es,

$$\sigma_A = \sigma_x \sqrt{\sum_{i=1}^{P}\left(S_{x_i}^{A}(\omega)\right)^2}, \qquad (30)$$

siendo σ_x la desviación estándar de los valores de los componentes, dada por $\Delta x/x$, lo cual es la tolerancia de estos asumiendo que todos los componentes tienen la misma tolerancia, mientras que $\sum_{i=1}^{P}\left(S_{x_i}^{A}(\omega)\right)^2$ es la suma de los cuadrados de las sensibilidades debidas a cada uno de los componentes del circuito que afectan la sensibilidad (Jurisic, 2014).

Debe observar que dado que la suma es cuadrática aquellas sensibilidades de componentes iguales que poseen signo negativo se añaden positivamente en el cálculo de la sensibilidad total. Es por ello que mientras más componentes tiene un circuito mayor puede ser su sensibilidad. Expresiones semejantes pueden encontrarse para el cálculo de la sensibilidad total de las respuestas de fase-frecuencia, demora de grupo-frecuencias o incluso las respuestas transitorias de una configuración de filtro activo.

Ejemplo 6

Para la configuración de circuito MFB realizada en los ejemplos anteriores con frecuencia central de la banda de paso en $f_0 = 1$ kHz y ancho de banda $\Delta f = 200$ Hz, trace la función de sensibilidad de la respuesta de magnitud-frecuencias ante las variaciones simultáneas de todos los componentes pasivos del circuito si estos varían con un 10 % de tolerancia alrededor de sus respectivos valores nominales. Muestre también la respuesta de magnitud-frecuencias del filtro con las desviaciones que tienen lugar cuando varían todos los componentes pasivos con la tolerancia indicada.

El cálculo de la sensibilidad del numerador y denominador, así como de la respuesta de magnitud-frecuencias, con respecto al resto de los componentes que no se utilizaron en el ejemplo anterior es como sigue.

```
» SeNumMagR1 = simple(diff(MagnNum, R1) * R1/MagnNum);
» SeDenMagR1 = simple(diff(MagnDen, R1) * R1/MagnDen);
» SeMagHw_R1 = SeNumMagR1 - SeDenMagR1;
» SeNumMagR3 = simple(diff(MagnNum, R3) * R3/MagnNum);
» SeDenMagR3 = simple(diff(MagnDen, R3) * R3/MagnDen);
» SeMagHw_R3 = SeNumMagR3 - SeDenMagR3;
» SeNumMagR4 = simple(diff(MagnNum, R4) * R4/MagnNum);
» SeDenMagR4 = simple(diff(MagnDen, R4) * R4/MagnDen);
» SeMagHw_R4 = SeNumMagR4 - SeDenMagR4;
» SeNumMagC1 = simple(diff(MagnNum, C1) * C1/MagnNum);
» SeDenMagC1 = simple(diff(MagnDen, C1) * C1/MagnDen);
» SeMagHw_C1 = SeNumMagC1 - SeDenMagC1;
» SeNumMagC2 = simple(diff(MagnNum, C2) * C2/MagnNum);
» SeDenMagC2 = simple(diff(MagnDen, C2) * C2/MagnDen);
» SeMagHw_C2 = SeNumMagC2 - SeDenMagC2;
```

De los resultados anteriores puede calcularse $\sqrt{\sum_{i=1}^{P}\left(S_{x_i}^{A}(\omega)\right)^2}$ como sigue.

```
» SeMagHw = sqrt(SeMagHw_R1^2 + SeMagHw_R2^2 + SeMagHw_R3^2 +...
            SeMagHw_C1^2 + SeMagHw_C2^2);
```

El paso siguiente es evaluar la expresión de la sensibilidad total de la respuesta de magnitud-frecuencias a todos los componentes del circuito y hacer su trazado en frecuencias como en el ejemplo anterior, obteniéndose el resultado de la figura 12.

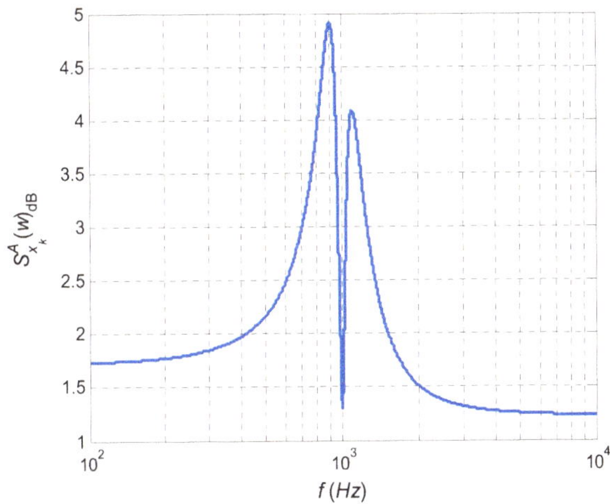

Figura 12. Sensibilidad total de la respuesta de magnitud-frecuencias a todos los componentes del circuito cuando estos tienen un 10 % de tolerancia.

La sensibilidad total de la respuesta de magnitud-frecuencias tiene un comportamiento próximo al simétrico alrededor de la frecuencia central de la banda de paso, que es también la frecuencia del par de polos de la función de red.

Al igual que sucede para los componentes individuales la mayor sensibilidad se concentra alrededor de f_0, pudiendo llegar la desviación absoluta en esta configuración de circuito hasta casi 5 dB con respecto a la respuesta nominal cuando las tolerancias son del 10 % en todos los componentes. A partir de este resultado se obtienen los márgenes de variación que se muestran en la figura 13. Debajo se muestra una ampliación del entorno de la frecuencia central de la banda de paso.

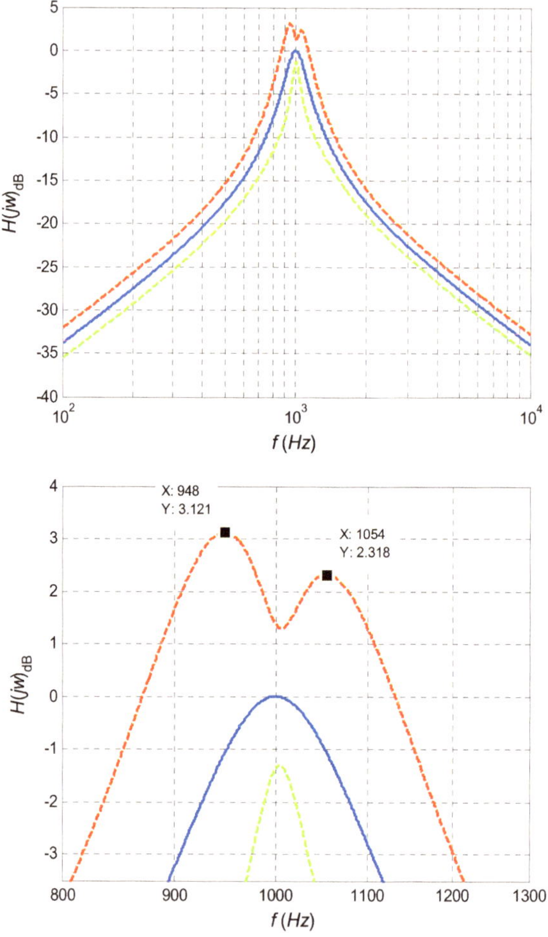

Figura 13. Márgenes de variación de la respuesta de magnitud-frecuencias debido a variaciones de los componentes pasivos del circuito con un 10 % de tolerancia.

Algunas herramientas computacionales realizan el análisis de Monte Carlo de filtros activos y se reconoce (Yang, 2006) que los dos principales caminos para valorar el desempeño de un circuito lo constituyen el que utiliza herramientas de simulación de circuitos y el basado en algoritmos simbólicos. Por ejemplo, una de las herramientas de simulación de circuitos es el *Iowa Hills*

OpAmp Filter Designer (Versión. 2.2); este, para una configuración MFB que realiza un par de polos con igual especificaciones a las utilizadas en los ejemplos anteriores, muestra el resultado de la figura 14. La diferencia entre los resultados del ejemplo anterior y esta herramienta radica en que aquí se utiliza para los resistores valores comerciales con tolerancia del 10 % y no valores exactos con tolerancia del 10 % como se realizó en los ejemplos.

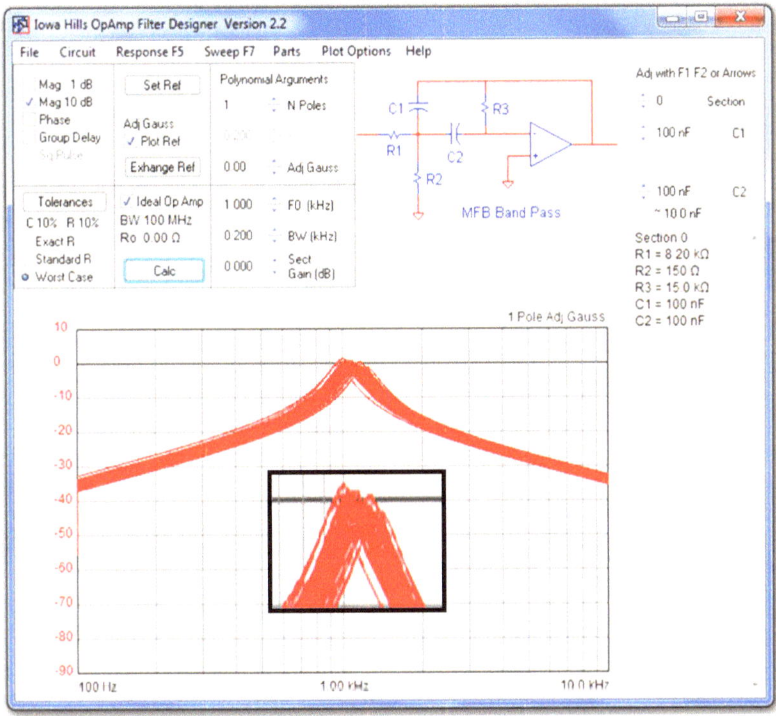

Figura 14. Análisis de Monte Carlo realizado por la herramienta *Iowa Hills OpAmp Filter Designer* para la respuesta de magnitud-frecuencias del filtro activo realizado en el ejemplo 2 cuando los componentes pasivos del circuito tienen un 10 % de tolerancia.

Se ha podido verificar la utilidad del cálculo de la sensibilidad de la respuesta de magnitud-frecuencia por medio de métodos simbólicos para hacer estudios de tolerancia de los componentes de una configuración de filtro activo. El procedimiento seguido para ello es una provechosa alternativa, o tal vez complemento, al análisis de Monte Carlo. Como herramienta computacional se ha utilizado Matlab, demostrándose su gran potencialidad combinando procedimientos simbólicos y numéricos.

Como es de esperar, la expresión de la función de red que se utilice de partida en este método determina las posibilidades del análisis. Por ejemplo, si dicha función también incluye entre sus parámetros la ganancia en lazo abierto de los amplificadores operacionales, esta también puede ser tenida en cuenta en el análisis. Otros aspectos que pueden ser analizados ante la tolerancia de los componentes del filtro son las sensibilidades de las respuestas de fase y demora de grupo contra frecuencias, así como las de las respuestas transitorias ante un impulso o un escalón, para lo cual es necesario deducir las expresiones de la sensibilidad siguiendo un procedimiento semejante al explicado para las respuestas de magnitud contra frecuencias.

No está de más aclarar que pueden valorarse magnitudes de tolerancia diferente para los distintos componentes del circuito haciendo reformas mínimas al procedimiento descrito.

8. Conclusiones

En el mundo competitivo actual la confiabilidad de un dispositivo electrónico es un aspecto a no descuidar. Dado que la tolerancia afecta tanto la calidad como el costo de los circuitos electrónicos, el tema de la sensibilidad del desempeño de un circuito a las variaciones que sufren los valores nominales de sus componentes se considera un tema crítico de la ingeniería, el cual requiere considerable atención. Los diseñadores usualmente especifican pequeños valores de tolerancia para garantizar máxima calidad, pero los productores prefieren generalmente reducir los costos utilizando mayores tolerancias. Con el fin de conciliar ambas posiciones en un filtro activo han tomado auge los estudios de sensibilidad y tolerancia; no obstante, la forma tradicional, si bien es eficaz, resulta generalmente soslayada por su complejidad, o es sustituida por métodos de ensayo y error, generalmente costosos e ineficaces.

En este trabajo se ha mostrado la gran potencialidad de los métodos simbólicos, abordados con las herramientas de Matlab, para el análisis de la sensibilidad de los filtros activos a la tolerancia de sus componentes. Los procedimientos descritos desde la perspectiva simbólica pueden sistematizarse para cualquier configuración de 2do orden de filtro activo con solo ligeras modificaciones que dependen de la forma que tenga la propia función de red en dependencia del tipo de respuesta de frecuencias del filtro. Por medio de métodos simbólicos puede partirse del planteamiento del sistema de ecuaciones de nodo del filtro (ver anexo 2) y determinar las soluciones para sus incógnitas, de las cuales se extrae la relación entre el nodo de salida y el de entrada. Disponiendo de la función de red pueden obtenerse, igualmente por métodos simbólicos, las ecuaciones de sus coeficientes y con ellas las de sus parámetros (ω_z, ω_p, Q y G), los cuales pueden ser evaluados para los valores de los componentes del circuito y determinar sus respuestas. Por el contrario, disponiendo de las ecuaciones de los parámetros puede utilizarse la vía simbólica para obtener las expresiones de realización que permiten obtener los valores de los componentes a partir de los valores de los parámetros que necesita la respuesta deseada.

Por otra parte, se ha mostrado la alternativa simbólica para determinar la sensibilidad de una respuesta del filtro ante las variaciones de uno o todos los componentes del mismo. Los métodos clásicos de análisis de la sensibilidad de parámetros se basan en expresiones analíticas que devuelven un valor numérico y no la forma en que el parámetro varía con la frecuencia. El análisis de la sensibilidad basada en el método de Monte Carlo obtiene cómo varía una respuesta del filtro ante las modificaciones de uno o más componentes del circuito, pero requiere de gran número de corridas; no obstante, es la más aceptada y difundida desde el punto de vista estadístico. Por su parte, los métodos basados en el peor caso conducen a una sobreestimación de la sensibilidad ya que la combinación de parámetros que puede conducir al peor caso es muy poco probable, es por ello que generalmente el análisis de peor caso se lleva a cabo mediante análisis de Monte Carlo para determinar variaciones extremas de las respuestas.

La alternativa mostrada ofrece una vía muy práctica y segura ya que al basarse en el método simbólico no requiere de la realización de cálculos numéricos intermedios para brindar el margen de variación de la respuesta debida a la tolerancia de los componentes. El método simbólico se basa en construir un modelo seguro y eficiente del circuito y su solución utiliza métodos matemáticos y no numéricos; además, el modelo simbólico del circuito puede ser reutilizado con diversos fines, incluyendo disímiles manipulaciones matemáticas o múltiples evaluaciones numéricas.

Cuando el análisis de la sensibilidad se realiza en el dominio de la frecuencia no puede conocerse cómo se afecta la respuesta en el tiempo del filtro ante un estímulo determinado si sus componentes presentan desviaciones de sus valores nominales debidas a la tolerancia. Es por ello que los análisis de la sensibilidad, de la forma presentada en este trabajo, pueden llevarse a cabo también en el dominio del tiempo, tanto para realizar análisis transitorio (*transient analyses*) que permite conocer la respuesta en el tiempo del filtro durante el estado transitorio inmediatamente después de aplicar algún estímulo, como para realizar análisis de estado estable (*steady state analyses*) para conocer la respuesta ante un estímulo determinado después de desaparecido el estado transitorio. Para ello igualmente se parte de la función de red obtenida por el método simbólico y se obtienen las respuestas en el tiempo deseadas mediante transformada de Laplace inversa, igualmente mediante el método simbólico.

9. Referencias

Erdei, Z. (2007). *The comparison between OrCAD and Matlab on tolerance analysis for analog circuit.* Paper presented at the 7th International Multidisciplinary Conference, Baia Mare, Romania.

Fitzpatrick, D. (2012). *Analog Design and Simulation using OrCAD Capture and PSpice*: Elsevier.

Hayes, M. J., Tadeo, F., & Salazar, J. (2010). Evaluation of the worst-case performance of active filters using robust control ideas. *International Journal of Sciences and Techniques of Automatic Control & Computer Engineering, 4*(2), 1338-1353.

Jurisic, D. (2014). Low-noise, low-sensitivity active-RC allpole filters using Matlab optimization. In T. Michalowski (Ed.), *Applications of MATLAB in Science and Engineering*: InTech.

Jurisic, D., & Mijat, N. (2005). *Low-Sensitivity, Low-Noise, Band-Rejection and All-Pass Active-RC Filters*. Paper presented at the IEEE ISIE, Dubrovnik, Croatia.

Jurisic, D., Moschytz, G. S., & Mijat, N. (2001). *Low-sensitivity SAB Band-pass Active-RC Filter Using Impedance Tapering*. Paper presented at the The 2001 IEEE International Symposium on Circuits and Systems, ISCAS 2001.

Jurisic, D., Moschytz, G. S., & Mijat, N. (2002). *Low-sensitivity active-RC high and band-pass second-order Sallen & Key allpole filters*. Paper presented at the IEEE International Symposium on Circuits and Systems, ISCAS 2002.

Kolev, L. (2002). Worst-case tolerance analysis of linear DC and AC electric circuits. *IEEE Transactions on Circuits and Systems – I, Fundamental Theory and Applications, 49*(12), 1693-1701.

Mandache, L., Iordache, M., & Dumitriu, L. (2010). *Sensitivity and Tolerance Analysis in Analog Circuits using Symbolic Methods*. Paper presented at the 10th International Conference on DEVELOPMENT AND APPLICATION SYSTEMS, Suceava, Romania.

MathWorks. (2002). *Symbolic Math Toolbox, User's Guide* (Vol. 2).

Moschytz, G. S. (1999). Low-sensitivity, low-power active-RC allpole filters using impedance tapering. *IEEE Transactions on Circuits and Systems II: Analog and Digital Signal Processing, 46*(8), 1009-1026.

Moschytz, G. S. (2002). Trade-offs in sensitivity, component spread and component tolerance in active filter design. In C. T. e. al. (Ed.), *Trade-Offs in Analog Circuit Design: The Designer's Companion* (pp. 315-339). Netherlands: Kluwer Academic Publishers.

Palma-Rodriguez, A. A., Tlelo-Cuautle, E., Rodriguez-Chavez, S., & Tan, S. X. D. (2012). *DDD-Based Symbolic Sensitivity Analysis of Active Filters*. Paper presented at the 8th International Caribbean Conference on Devices, Circuts and Systems (ICCDCS).

Raut, R., & Swamy, M. N. S. (2010). *Modern Analog Filter Analysis and Design. A practical approach*: Wiley VCH Verlag GmbH & Co. KGaA.

Shujuan, W., Zhiping, W., & Hongliang, G. (2005). The research on tolerance design and second-design for optimizing parameter in electronic circuit. School of Engineering & Automation, Harbin Institute of Technology, Harbin 150001, China.

Yang, H. (2006). *Symbolic Sensitivity Analysis Techniques and Applications in Analog Circuit Synthesis*. (PhD), Cincinnati.

Anexo 1

Algunas funciones del _Symbolic Math Toolbox_ de Matlab (R2010a)

```
% Basic operations

pretty        Pretty-print symbolic expressions.
syms / sym    Creates symbolic variables and expressions.
symvar        Find symbolic variables in symbolic expression or matrix.


% Calculus

det           Compute determinant of symbolic matrix.
diff          Differentiate symbolic expression.
inv           Compute symbolic matrix inverse.
limit         Compute limit of symbolic expression.

% Conversions

poly2sym      Polynomial coefficient vector to symbolic polynomial.
sym2poly      Symbolic-to-numeric polynomial conversion.

% Simplifying Symbolic Expressions

coeffs        List coefficients of multivariate polynomial.
collect       Collect coefficients.
expand        Symbolic expansion of polynomials and elementary functions.
factor        Factorization.
horner        Horner nested polynomial representation.
numden        Numerator and denominator.
simple        Search for simplest form of symbolic expression.
simplify      Symbolic simplification.
subexpr       Rewrite symbolic expression in terms of common subexpressions.
subs          Symbolic substitution in symbolic expression or matrix.

% Solution of Equations

compose       Functional composition.
solve         Symbolic solution of algebraic equations.

% Special Functions

dirac         Dirac delta.
heaviside     Compute Heaviside step function.
```

```
% Plotting tools

ezplot        Function plotter.
ezplot3       3-D parametric curve plotter.

% Transforms

fourier       Fourier integral transform.
ifourier      Inverse Fourier integral transform.
ilaplace      Inverse Laplace transform.
laplace       Laplace transform.
```

Anexo 2

Ecuaciones de nodo para algunas secciones de 2do orden

Siglas identificadoras del tipo de red, su función y respuesta de frecuencias:

SAF (*Single Amplifier Filter*):   Realiza funciones monocuadráticas (sin ceros finitos).

SAN (*Single Amplifier Notch*):   Realiza funciones de hendidura.

SAB (*Single Amplifier Biquad*):   Realiza funciones bicuadráticas (con ceros finitos).

TAF (*Two Amplifier Filter*):   Realiza funciones monocuadráticas (sin ceros finitos).

TAB (*Two Amplifier Biquad*):   Realiza funciones bicuadráticas (con ceros finitos).

TAN (*Two Amplifier Notch*):   Realiza funciones de hendidura.

MAF (*Multi-Amplif. Filter*):   Realiza funciones monocuadráticas (sin ceros finitos).

MAB (*Multi-Amplif. Biquad*):   Realiza funciones bicuadráticas (con ceros finitos).

LPF (*Low-Pass Filter*):   Respuestas de magnitud-frec. pasobajo (sin ceros finitos).

LPN (*Low-Pass Notch*):   Respuestas de magnitud-frec. pasobajo (con ceros finitos).

HPF (*High-Pass Filter*):   Respuestas de magnitud-frec. pasoalto (sin ceros finitos).

HPN (*High-Pass Notch*):   Respuestas de magnitud-frec. pasoalto (con ceros finitos).

BPF (*Band-Pass Filter*):   Respuestas de magnitud-frec. pasobanda.

NF (*Notch Filter*):   Respuestas de magnitud-frec. de hendidura.

UAF (*Universal Active Filter*):   Más de dos tipos de respuesta de magnitud-frecuencias.

1. Deliyannis (SAF – BPF)

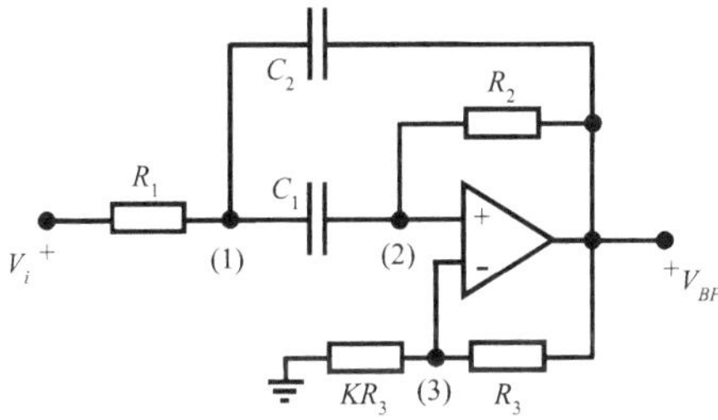

Relaciones: $V_2 = V_3$

$$V_{BP} = \frac{V_2 K}{K + 1}$$

Nodo (1): $V_1(1/R_1 + sC_1 + sC_2) - V_2(sC_1) - V_{BP}(sC_2) = V_i(1/R_1).$

Nodo (2): $-V_1(sC_1) + V_2(1/R_2 + sC_1) - V_{BP}(1/R_2) = 0.$

Nodo (3): $V_2(K + 1) - V_{BP}(K) = 0$

43

2. Friend (SAB – LPN)

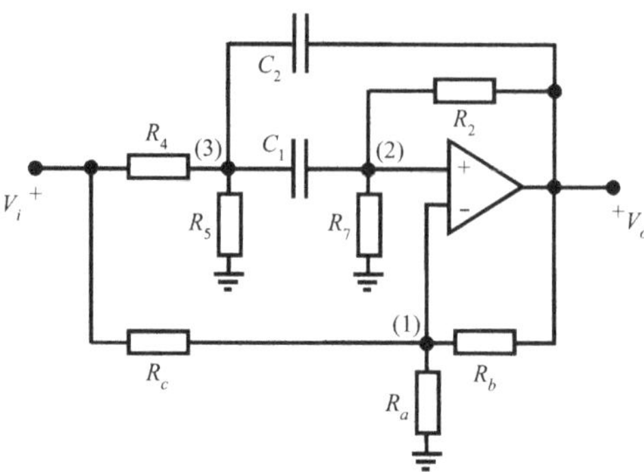

Relación: $V_o = A(V_1 - V_2)$, siendo A la ganancia en lazo abierto del AOp ($A \to \infty$)

Nodo (1): $V_1(1/R_a + 1/R_b + 1/R_c) - V_o(1/R_b)$ $\qquad = V_i(1/R_c)$

Nodo (2): $V_2(1/R_2 + 1/R_7 + sC_1) - V_3(sC_1) - V_o(1/R_2)$ $\quad = 0$

Nodo (3): $-V_2(sC_1) + V_3(1/R_4 + 1/R_5 + sC_1 + sC_2) - V_o(sC_2) = V_o(1/R_4)$

3. Friend (SAB – HPN)

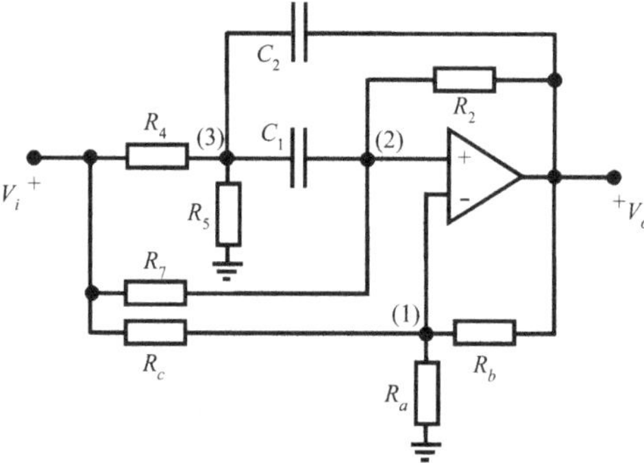

Relación: $V_o = A(V_1 - V_2)$, siendo A la ganancia en lazo abierto del AOp ($A \to \infty$)

Nodo (1): $V_1(1/R_a + 1/R_b + 1/R_c) - V_o(1/R_b)$ $\qquad = V_i(1/R_c)$

Nodo (2): $V_2(1/R_2 + 1/R_6 + sC_1) - V_3(sC_1) - V_o(1/R_2)$ $\quad = V_i(1/R_6)$

Nodo (3): $-V_2(sC_1) + V_3(1/R_4 + 1/R_5 + sC_1 + sC_2) - V_o(sC_2) = V_o(1/R_4)$

4. Twin-T (SAN – NF)

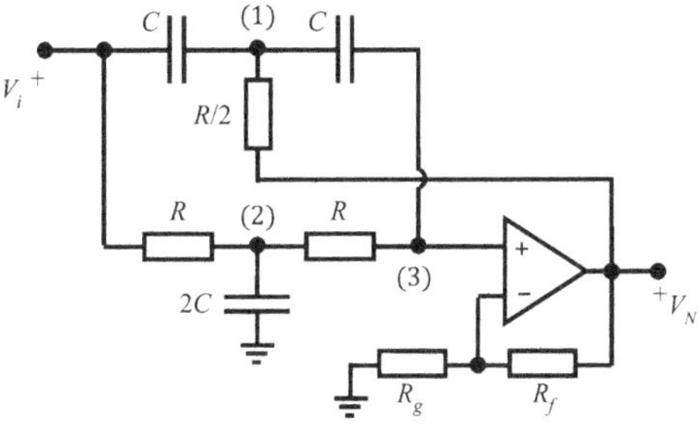

Relación: $V_N = KV_3$, siendo $K = 1 + R_f/R_g$

Nodo (1): $V_1(2/R + s2C) - V_3(sC) - V_N(2/R) = V_i(sC)$

Nodo (2): $V_2(2/R + s2C) - V_3(1/R) = V_i(1/R)$

Nodo (3): $-V_1(sC) - V_2(1/R) + V_3(1/R + sC) = 0$

Nodo (4): $KV_3 - V_N = 0$

5. Fliege (TAF – LPF)

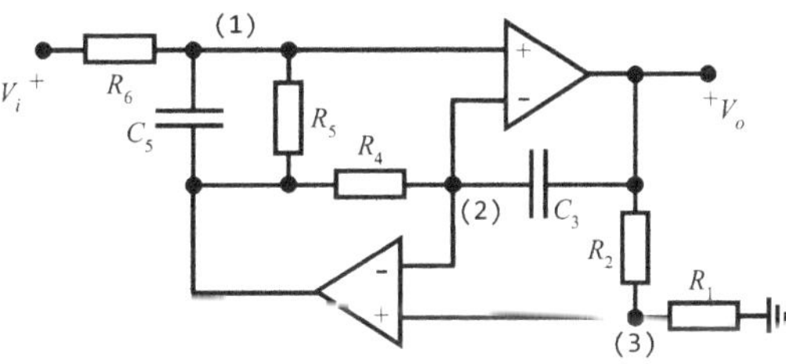

Relación: $V_o = A(V_1 - V_2)$, siendo A la ganancia en lazo abierto de los AOp ($A \to \infty$)

Nodo (1): $V_1(1/R_5 + 1/R_6 + sC_5) - V_2(A/R_5 + sAC_5) - V_3(A/R_5 + sAC_5) = V_i(1/R_6)$

Nodo (2): $V_2(1/R_4 + A/R_4 + sC_3) - V_3(A/R_4) - V_o(sC_3) = 0$

Nodo (3): $V_3(1/R_1 + 1/R_2) - V_o(1/R_2) = 0$

6. Fliege (TAF – HPF)

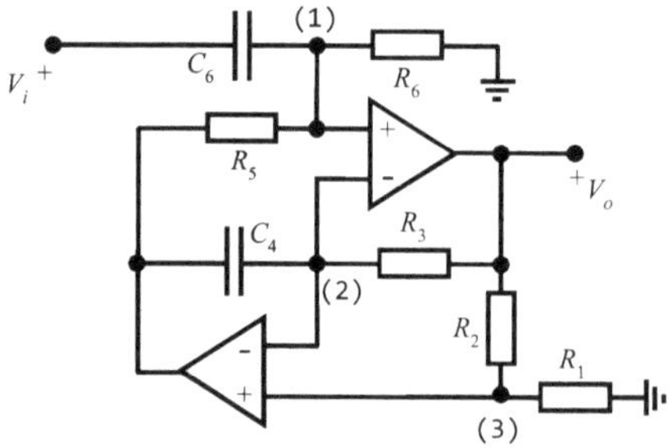

Relación: $V_o = A(V_1 - V_2)$, siendo A la ganancia en lazo abierto de los AOp ($A \to \infty$)

Nodo (1): $V_1(1/R_5 + 1/R_6 + sC_6) + V_2(A/R_5) - V_3(A/R_5) = V_i(sC_6)$

Nodo (2): $V_2(1/R_3 + sC_4 + sAC_4) - V_3(sAC_4) - V_o(1/R_3) = 0$

Nodo (3): $V_3(1/R_1 + 1/R_2) - V_o(1/R_2) \qquad\qquad = 0$

7. Fliege (TAB – LPN)

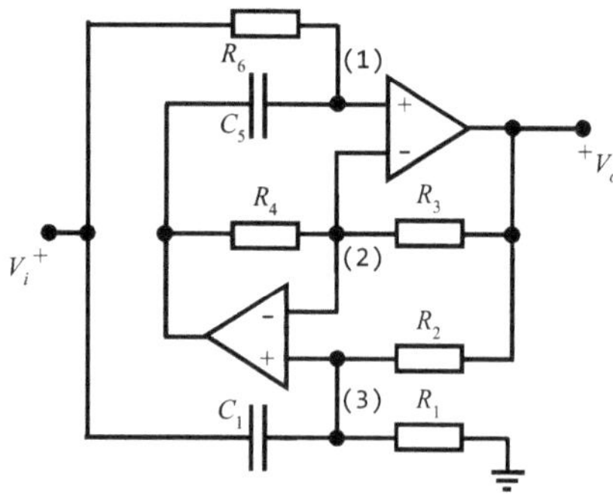

Relación: $V_o = A(V_1 - V_2)$, siendo A la ganancia en lazo abierto de los AOp ($A \to \infty$)

Nodo (1): $V_1(1/R_6 + sC_5) + V_2(sAC_5) - V_3(sAC_5) \qquad = V_i(1/R_6)$

Nodo (2): $V_2(1/R_3 + 1/R_4 + A/R_4) - V_3(A/R_4) - V_o(1/R_3) = 0$

Nodo (3): $V_3(1/R_1 + 1/R_2 + sC_1) - V_o(1/R_2) \qquad = V_i(sC_1)$

8. Gray-Meyer (TAB – LPN/HPN)

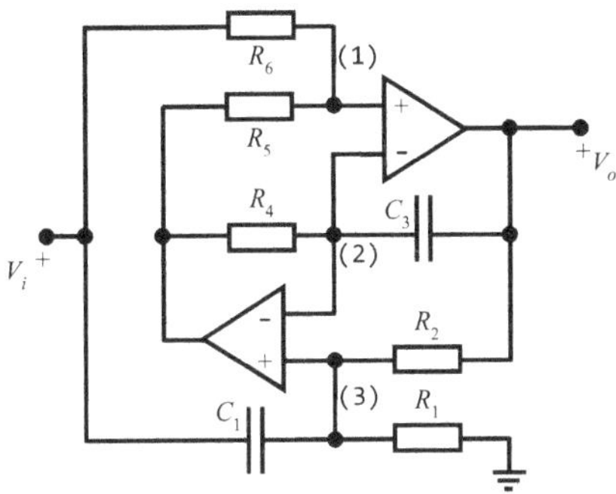

Relación: $V_o = A(V_1 - V_2)$, siendo A la ganancia en lazo abierto de los AOp ($A \to \infty$)

Nodo (1): $V_1(1/R_5 + 1/R_6) + V_2(A/R_5) - V_3(A/R_5) \qquad = V_i(1/R_6)$

Nodo (2): $V_2(1/R_4 + A/R_4 + sC_3) - V_3(A/R_4) - V_o(sC_3) = 0$

Nodo (3): $V_3(1/R_1 + 1/R_2 + sC_1) - V_o(1/R_2) \qquad = V_i(sC_1)$

9. Twin-T (TAB – HPN)

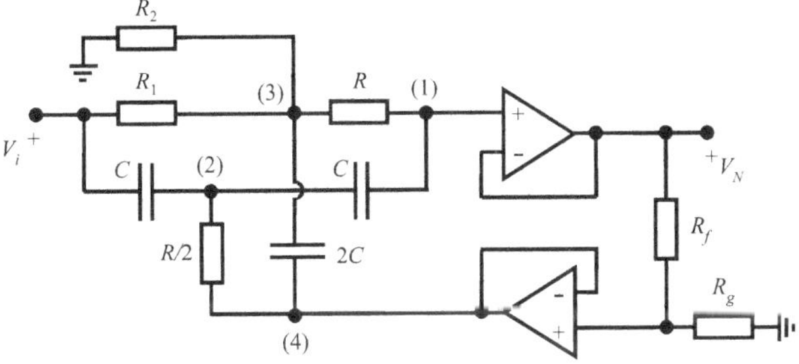

Relaciones: $V_N = V_1$

$$V_4 = \frac{V_N R_g}{R_f + R_g} = K V_N, \quad \text{siendo } K = \frac{R_g}{R_f + R_g}$$

$$R = R_1 \parallel R_2$$

Nodo (1): $-V_2(sC) - V_3(1/R) + V_N(1/R + sC) = 0$

Nodo (2): $V_2(2/R + s2C) - V_N(2K/R + sC) \quad = V_i(sC)$

Nodo (3): $V_3(2/R + s2C) - V_N(1/R + s2KC) = V_i(1/R_1)$

10. Twin-T (TAN – NF)

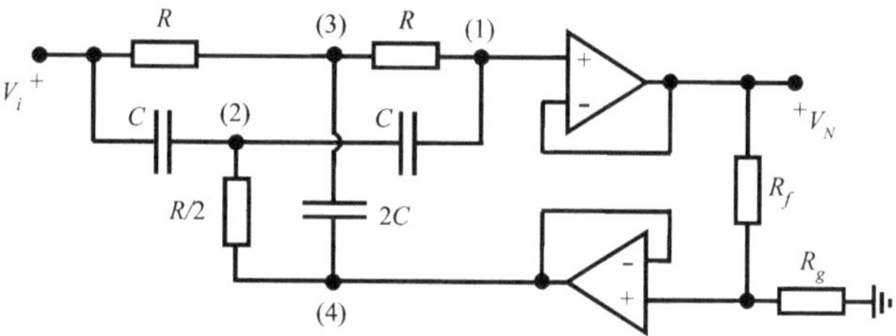

Relaciones: $V_N = V_1$

$$V_4 = \frac{V_N R_g}{R_f + R_g} = K V_N, \quad \text{siendo } K = \frac{R_g}{R_f + R_g}$$

Nodo (1): $-V_2(sC) - V_3(1/R) + V_N(1/R + sC) = 0$

Nodo (2): $V_2(2/R + s2C) - V_N(2K/R + sC) = V_i(sC)$

Nodo (3): $V_3(2/R + s2C) - V_N(1/R + s2KC) = V_i(1/R)$

11. Bainter (MAB – LPN/HPN)

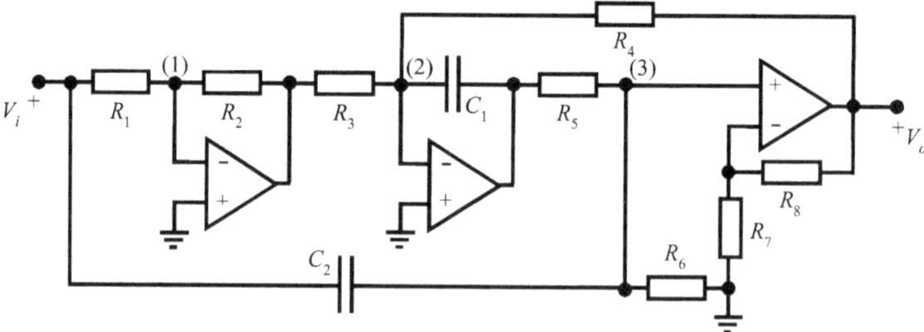

Relaciones: $V_o = K V_3, \quad \text{siendo } K = \frac{R_7 + R_8}{R_7}$

Nodo (1): $V_1(1/R_1 + 1/R_2 + A/R_2) = V_i(1/R_1)$

Nodo (2): $V_1(A/R_3) + V_2(1/R_3 + 1/R_4 + sC_1 + sAC_1) - V_o(1/R_4) = 0$

Nodo (3): $V_2(A/R_5) + V_3(1/R_5 + 1/R_6 + sC_2) = V_i(sC_2)$

12. State Variable (MAB – UAF)

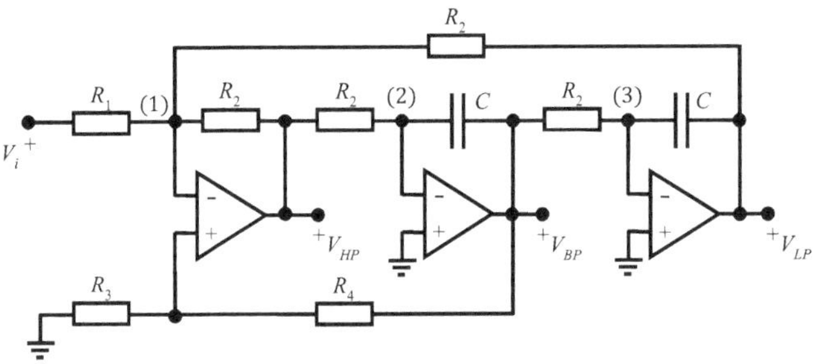

Relaciones: $V_1 = \dfrac{V_{BP}R_3}{R_3 + R_4}$, $V_2 = 0$ y $V_3 = 0$

Nodo (1): $\quad V_1(1/R_1 + 2/R_2) - V_{LP}(1/R_2) - V_{HP}(1/R_2) = V_i(1/R_1)$

Nodo (2): $\quad -V_{HP}(1/R_2) - V_{BP}(sC) \qquad\qquad = 0$

Nodo (3): $\quad -V_{BP}(1/R_2) - V_{LP}(sC) \qquad\qquad = 0$

13. Kerwing-Huelsman-Newcomb (MAB – UAF)

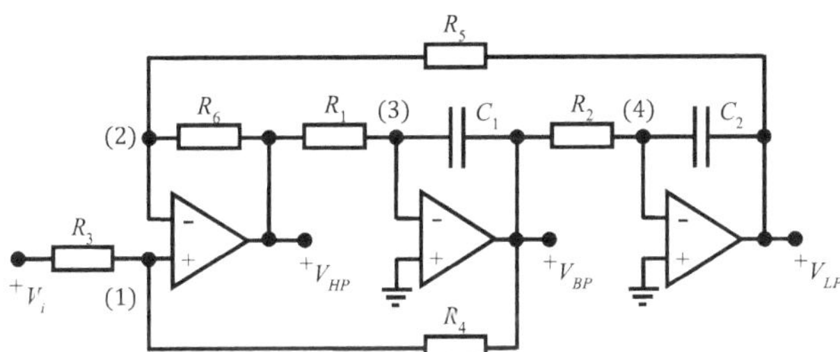

Relaciones: $\quad V_3 = 0$, $V_4 = 0$ y $V_1 = V_2$

Nodo (1): $\quad V_1(1/R_3 + 1/R_4) - V_{BP}(1/R_4) \qquad\qquad = V_i(1/R_3)$

Nodo (2): $\quad V_2(1/R_5 + 1/R_6) - V_{HP}(1/R_6) - V_{LP}(1/R_5) = 0$

Nodo (3): $\quad -V_{HP}(1/R_4) - V_{BP}(sC_1) \qquad\qquad = 0$

Nodo (4): $\quad -V_{BP}(1/R_2) - V_{LP}(sC_2) \qquad\qquad = 0$

14. Taw-Thomas (MAB – LPF)

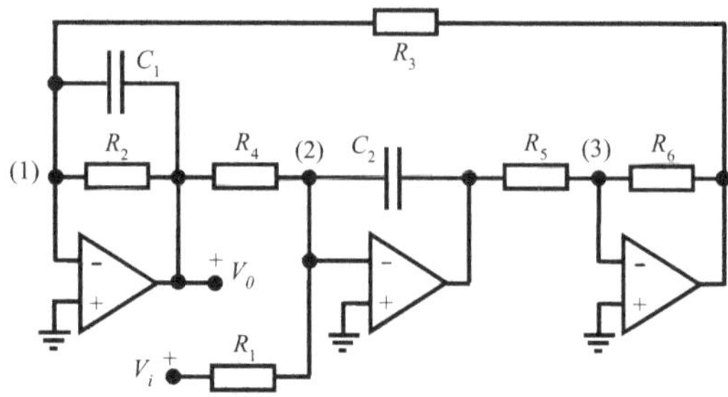

Relaciones: $V_o = AV_1$, siendo A la ganancia en lazo abierto de los AOp $(A \to \infty)$

Nodo (1): $V_1(1/R_2 + 1/R_3 + sC_1) - V_3(A/R_3) - V_o(1/R_2 + sC_1) = 0$

Nodo (2): $V_2(1/R_2 + 1/R_4 + sC_2 + sAC_2) - V_o(1/R_4) \qquad = V_i(1/R_2)$

Nodo (3): $V_2(A/R_5) + V_3(1/R_5 + 1/R_6 + A/R_6) \qquad = 0$

15. Akerberg-Mossberg (MAF – LPF/BPF)

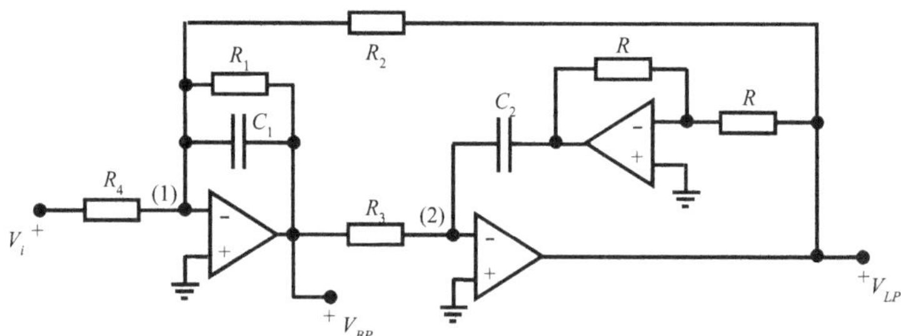

Relaciones: $V_{BP} = AV_1$, siendo A la ganancia en lazo abierto de los AOp $(A \to \infty)$

$\qquad\qquad\quad V_{LP} = AV_2$

Nodo (1): $V_1(1/R_1 + 1/R_2 + 1/R_4 + sC_1) - V_{LP}(1/R_2) - V_{BP}(1/R_1 + sC_1) = V_i(1/R_4)$

Nodo (2): $V_2(1/R_3 + sC_2) - V_{LP}(sC_2) - V_{BP}(1/R_3) \qquad\qquad = 0$